普通高等教育"十二五"规划教材

示范院校重点建设专业系列教材

水利工程制图与 AutoCAD

主　编　田明武　梁　艺　曾　琳

副主编　罗　敏　潘　露　刘艺平　罗光明

主　审　高剑飞

U0217416

中国水利水电出版社

www.waterpub.com.cn

内 容 提 要

　　本书是普通高等教育"十二五"规划教材，以"水利工程制图"及"AutoCAD 2009"为基础编写。全书共 17 章，内容主要包括：制图基本知识，投影基本知识，点、直线、平面的投影，轴测投影，AutoCAD 2009 操作基础，AutoCAD 2009 的辅助手段，AutoCAD 2009 常用的绘图命令，AutoCAD 2009 常用的编辑命令，组合体，视图、剖视图、断面图，标高投影，文字与表格，尺寸标注，建立样板文件，提高绘图效率的捷径，打印输出，水利工程图。

　　本书可作为高职高专及成人教育水利水电类专业教材，亦可供有关工程技术人员参考。

图书在版编目（CIP）数据

水利工程制图与AutoCAD / 田明武，梁艺，曾琳主编
. -- 北京 ：中国水利水电出版社，2013.8(2021.6重印)
　普通高等教育"十二五"规划教材　示范院校重点建
设专业系列教材
　ISBN 978-7-5170-1077-7

Ⅰ．①水… Ⅱ．①田… ②梁… ③曾… Ⅲ．①水利工
程－工程制图－AutoCAD软件－高等职业教育－教材
Ⅳ．①TV222.1-39

中国版本图书馆CIP数据核字(2013)第180953号

书　　名	普通高等教育"十二五"规划教材 示范院校重点建设专业系列教材 **水利工程制图与 AutoCAD**	
作　　者	主　编　田明武　梁艺　曾琳 副主编　罗敏　潘露　刘艺平　罗光明 主　审　高剑飞	
出版发行	中国水利水电出版社 （北京市海淀区玉渊潭南路 1 号 D 座　100038） 网址：www.waterpub.com.cn E - mail：sales@waterpub.com.cn 电话：(010) 68367658（营销中心）	
经　　售	北京科水图书销售中心（零售） 电话：(010) 88383994、63202643、68545874 全国各地新华书店和相关出版物销售网点	
排　　版	中国水利水电出版社微机排版中心	
印　　刷	清淞永业（天津）印刷有限公司	
规　　格	184mm×260mm　16 开本　17 印张　404 千字	
版　　次	2013 年 8 月第 1 版　2021 年 6 月第 7 次印刷	
印　　数	11531—16530 册	
定　　价	**55.00 元**	

前言

本书是根据国家"十二五"教育发展规划纲要及《国家中长期教育改革和发展规划纲要》(2010—2020年)、《教育部关于全面提高高等职业教育教学质量的若干意见》(教高〔2006〕16号)等文件的精神,按照水利部示范院校建设、省级示范院校建设对课程改革的相关要求,为适应现代高职教育发展与教学改革,培养应用型、技能型人才需求而编写的。

《水利工程制图与AutoCAD》把《水利工程制图》和《AutoCAD》进行优化整合,将制图基础和AutoCAD技术融为一体,以技术应用能力为主线,突出课程的特色,突出实践教学;按照"实际、实用、够用"的原则,重新组合适合高职教学特色的内容,使课程更具先进性、适应性和针对性。因此,我们水工专业教学团队编写了《水利工程制图与AutoCAD》这本教材。

本书以"水利工程制图"及"AutoCAD 2009"为基础编写,将制图基本理论与AutoCAD及水利工程制图有机结合,能避免原单独两门课程内容的重复出现;两者结合实现了"边教、边学、边练"的"教、学、练一体"教学目标,符合"实际、实用、够用"的原则,提高了教与学的效率。水工专业学生在掌握扎实的理论基础上,逐步掌握计算机绘图,且能更好地与水利工程实际相结合,从而可以显著提高学习效果,在高等职业教育中,对培养应用型、技能型人才具有重要的作用。

本书主要编写人员及分工如下:四川水利职业技术学院田明武(第15章、第17章),梁艺(第1章、第2章、第3章、第4章、第6章),曾琳(第9章、第12章、第13章),罗敏(第8章、第14章),潘露(第5章、第7章),刘艺平(第10章、第11章)、罗光明(第16章)。本书由四川水利职业技术学院田明武、梁艺、曾琳担任主编,罗敏、潘露、刘艺、罗光明担任副主编,高剑飞担任主审。

本书在编写过程中,学习和借鉴了很多参考书,在此,对相关作者表示衷心的感谢。四川水利职业技术学院水工专业教学团队的刘建明院长和于建华副院长、水利工程系张智涌主任等相关领导及同仁给予了大力支持,并提出宝贵意见,相关兄弟院校也为本书的编写提供了大力支持。

由于编者水平有限,书中难免有错误和不当之处,恳请大家批评指正。

编 者

2013年7月

目 录

第1章 制图基本知识

【学习要求】

(1) 了解制图标准的基本规定。

(2) 学会正确使用绘图工具和仪器。

(3) 掌握常用的几何作图方法和一定的绘图技能，培养良好的工作作风和绘图习惯。

(4) 了解徒手绘图的基本方法和技能。

1.1 制 图 标 准 简 介

图样是工程界的技术语言，为了便于生产和进行技术交流，使绘图和看图有一个共同的准则，必须对图样的画法、尺寸注法及其采用的符号（代号）等作统一的规定，这个统一的规定就是制图标准。

本节主要介绍图幅、图线、字体、比例、尺寸注法等基本制图标准。

1.1.1 图纸幅面及标题栏

1.1.1.1 图纸幅面

图纸幅面简称图幅，即图纸的面积，用图纸的短边×长边（$B×L$）表示。制图标准对基本图幅规定了五种，分别以 A0、A1、A2、A3、A4 为代号，各种图幅的关系如图 1.1 所示，各种图幅的图框尺寸见表 1.1。

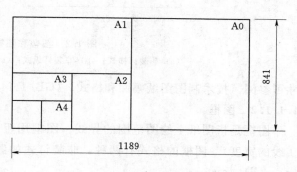

图 1.1 各种图幅的关系

表 1.1		各种图幅的图框尺寸		单位：mm	
图幅代号	A0	A1	A2	A3	A4
$B×L$	841×1189	594×841	420×594	297×420	210×297
e	20			10	
c	10			5	
a	25				

图纸以短边作为垂直边的称为横式图幅，如图 1.2（a）、（c）所示；图纸以短边作为水平边的称为立式图幅，如图 1.2（b）、（d）所示。一般 A0～A3 图纸宜用横式图幅，如需要也可用立式图幅。

图幅在应用时面积不够大时，根据要求允许在基本图幅的短边成整数倍加长，具体尺

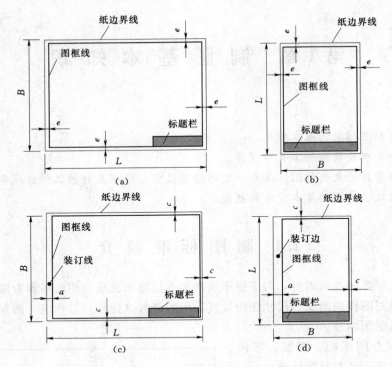

图 1.2 图幅和图框的格式
(a) 非装订横式;(b) 非装订纵式;(c) 装订横式;(d) 装订纵式

寸可参阅《技术制图图纸幅面和格式》(GB/T 14689—2008)。

1.1.1.2 图框

图框是指图纸上绘图范围的界线。图框用粗实线绘制,线宽为 (1~1.5) b (b 为粗实线的宽度)。图框的格式有两种:非装订式如图 1.2 (a)、(b) 所示;装订式如图 1.2 (c)、(d) 所示。

1.1.1.3 标题栏

标题栏是图样的重要内容之一,每张图纸都必须画出标题栏。图样中的标题栏(简称图标),应放在图纸右下角。标题栏的外框线为粗实线,标题栏的分格线为细实线。

制图作业中的标题栏建议使用如图 1.3 所示的格式,其中除签名外,一律用工程字书写。

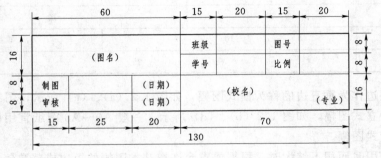

图 1.3 制图作业标题栏(单位:mm)

1.1.2 图线

为了使图样中所表达的内容主次分明，制图标准规定应采用不同形式和不同粗细的线，分别表示不同的意义和用途，绘图时必须遵照这些规定。

1.1.2.1 线宽

图线的宽度 b 表示粗实线的粗细，应根据图形的大小和复杂程度，在 2.0mm、1.4mm、1.0mm、0.7mm、0.5mm、0.35mm 中选用。常用的 b 值为 0.7mm 或 1.0mm。粗线、中线、细线的宽度比例为 4:2:1。

1.1.2.2 线型

国标列有不同粗细的实线、虚线、点划线、双点划线及波浪线等式样，作为基本线型，供各专业图样使用，表 1.2 列出了一些常用线型及其用途。

表 1.2　　　　　　　　　　　常用线型的种类及用途

图线名称	线　　　型	主要用途
粗实线	——————	可见轮廓线
虚线	- - - - -	不可见轮廓线
细实线	——————	尺寸线、尺寸界线　指引线、剖面线
点划线	—·——·——·—	轴线、中心线、对称线
双点划线	—··——··—	假想投影轮廓线
折断线	∿	断开线
波浪线（徒手连续线）	∿	断开线

1.1.3 字体

图样上除了绘制物体的图形外，还要用汉字填写标题栏、说明事项；用数字标注尺寸；用字母注写各种代号或符号。

制图标准对图样中的汉字、数字、字母的字形和大小作出规定，并要求书写时必须做到字体工整、笔画清楚、间隔均匀、排列整齐。

字体的大小用字体的号数代表。字体的号数（简称字号）指字体的高度，用 h 表示。图样中字号分为 20、14、10、7、5、3.5、2.5、1.8 等。

1.1.3.1 汉字

汉字应尽可能书写成长仿宋体，并应采用国家正式公布实施的简化字。字高应不小于3.5mm，字的高宽之比为 $\sqrt{2}$。

长仿宋体字的特点是笔画粗细一致，挺拔秀丽，易于硬笔书写，便于阅读。长仿宋体字的书写要领是横平竖直、起落有锋、结构匀称、填满方格，如图 1.4 所示。

字体端正笔画清楚排列整齐

枢纽闸室土坝护坡回填底层温度缝桥墩发电站

图 1.4　长仿宋体字字例

1.1.3.2　数字和字母

数字和字母可以写成直体字，也可以写成与水平线成75°的斜体字，如图1.5所示。

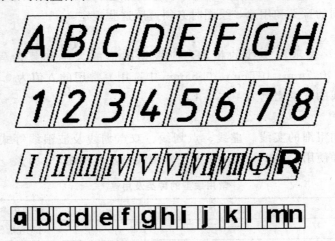

图1.5　数字和字母字例

1.1.4　比例

图样的比例是指图形与其实物相对应的线性尺寸之比，如1∶50即图上的尺寸为1，实物尺寸为50。比例的大小是指比值的大小。

图样上的比例只反映图形与实物大小的缩放关系，图中标注的尺寸数值应为实物的真实大小，与图样的比例无关。

绘图时应采用规定的比例，并应优先用常用比例。

在图纸上必须注明比例，当整张图纸只用一种比例时，应统一注写在标题栏内，否则应区别注写。可在视图名称下方或右侧标注比例，字号比图名小1号或2号，如图1.6所示。

平面图1∶100 或 平面图 1∶100

图1.6　比例的注写

1.1.5　尺寸标注

图样除反映物体的形状外，还需反映物体的实际尺寸，以作为工程施工的依据。下面介绍尺寸标注的一般规则。

1.1.5.1　尺寸标注的四要素

（1）尺寸界线。尺寸界线用以表示所注尺寸的范围，用细实线绘制，一般从被标注线段两端垂直地引出。尺寸界线应离开图样的轮廓线2～3mm，另一端应超出尺寸线2～3mm，如图1.7所示。

（2）尺寸线。尺寸线用以表示尺寸的方向，用细实线绘制，应与被注的线段等长且平行，距离所注的线段10mm以上。相互平行的两尺寸线间距宜为7～10mm，尺寸应由小到大、从里到外排列，如图1.7所示。

（3）尺寸起止符号。尺寸起止符号用以表示尺寸的起止点。尺寸的起止符号一般采用箭头，必要时可用45°的短划中粗实线表示，其倾斜方向应与尺寸线成45°角，短划线的长度为2～3mm。但同一张图纸上只能用一种形式。半径、直径、角度和弧长等尺寸起止符号必须用箭头,如图1.7所示。

(4)尺寸数字。尺寸数字表示物体的真实大小。尺寸数字一律用阿拉伯数字书写。当标高、桩号及规划图、总布置图的尺寸以米为单位,其余尺寸以毫米为单位时,图中不必说明,否则应说明尺寸单位,如图1.7所示。

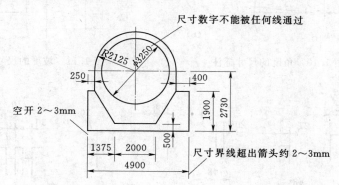

图1.7 尺寸标注的四要素

1.1.5.2 尺寸的一般标注

(1)线性尺寸标注。尺寸数字一般写在尺寸线的中部。水平方向的尺寸数字写在尺寸线的上方,字头朝上;竖直方向的尺寸数字写在尺寸线的左侧,字头朝左。倾斜方向的尺寸应按如图1.8所示的形式注写。

(2)圆和圆弧尺寸标注。标注圆和大于半圆的圆弧尺寸要标注直径,在直径数字前加注直径符号"ϕ";标注小于半圆的圆弧尺寸要标注半径,在半径数字前加注半径符号"R",半径尺寸线一端位于圆心处,另一端画成箭头,指至圆弧。圆和圆弧的标注如图1.9所示。

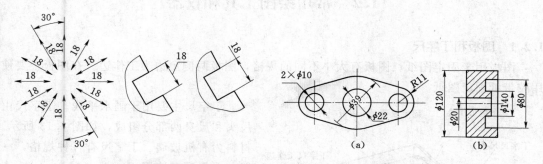

图1.8 尺寸数字标注的方向   图1.9 圆和圆弧的尺寸标注

(3)角度尺寸标注。角度的尺寸线是以角的顶点为圆心的圆弧线,起止符号用箭头,角度数字一律水平书写,如图1.10所示。

(4)坡度的标注。坡度表示一条线或一个平面相对于水平面的倾斜程度,常以$1:n$的形式标注,当坡度较缓时,也可用百分数表示,如图1.11所示。

(5)小尺寸的标注。当尺寸界线之间没有足够位置画箭头或标注数字时,可按如图1.12所示的形式标注。

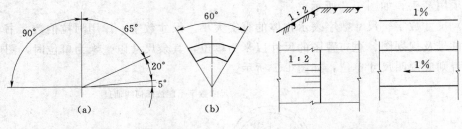

图 1.10　角度的尺寸标注　　　　图 1.11　坡度的尺寸标注

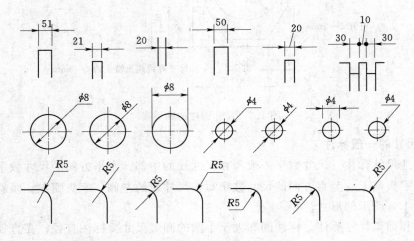

图 1.12　小尺寸的标注

1.2　常用绘图工具和仪器

1.2.1　图板和丁字尺

图板用于固定图纸。图板有大小不同的规格，图板两侧短边为工作边。在图板上要使用胶带纸固定图纸。

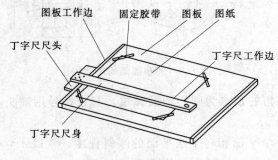

图 1.13　图板和丁字尺

丁字尺主要用于画水平线。丁字尺由尺头和尺身两部分组成，如图 1.13 所示。材料为有机玻璃。丁字尺有各种规格，一般与图板配套使用。

1.2.2　三角板

一副三角板有两块，一块包含 30°、60°、90°，另一块包含 45°、45°、90°。三角板用途有：①与丁字尺配合画铅垂线；②与丁字尺配合画角度为 15°整数倍的斜线，如图 1.14 所示；③两块三角板配合画任意直线的平行线或垂直线。

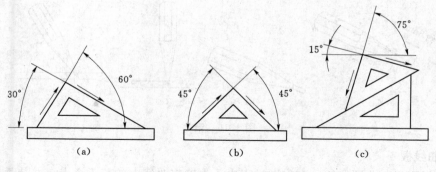

图 1.14 三角板

1.2.3 圆规及分规

圆规是用于画圆及圆弧的绘图仪器。使用圆规时要注意，圆规的两条腿应垂直纸面，如图 1.15 （a） 所示。分规是用来量取线段的长度和分割线段、圆弧的工具，如图 1.15 （b） 所示。

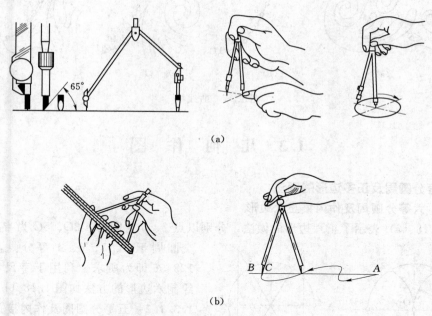

图 1.15 圆规和分规
（a） 圆规；（b） 分规

1.2.4 铅笔

绘图铅笔的铅芯有软硬之分，"B" 表示软，"H" 表示硬。前面的数字越大表示越软或越硬。HB 介于软硬之间。

绘图时常用 H 或 2H 的铅笔画细线或底稿，用 B 或 2B 的铅笔画粗线或加深底稿，用 HB 的铅笔写字。

画粗实线的铅笔芯宜磨成矩形，宽度和线宽一致，其余可磨成锥形，如图 1.16 所示。

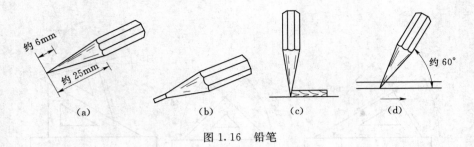

图 1.16 铅笔

1.2.5 曲线板

曲线板用于画非圆曲线。在作图过程中，先确定曲线上的若干个点，并徒手轻轻地用铅笔将各点用细实线连成曲线，然后在曲线板上选择与曲线吻合的部分，尽量多吻合一些，应不少于三点，从起点到终点按顺序分段描绘，如图 1.17 所示。

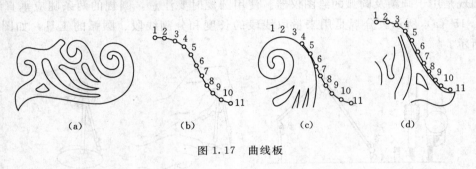

图 1.17 曲线板

1.3 几 何 作 图

1.3.1 等分圆周及正多边形的画法

1.3.1.1 六等分圆周及作内接正六边形

图 1.18（a）表示了正六边形的做法，分别以点 2、5 为圆心，2O、5O 为半径作圆弧交圆周于 1、3、6、4 等分点，六边形 123456 即为所求。利用丁字尺和三角板绘制六边形的方法如图 1.18（b）所示。

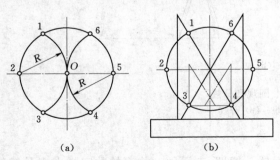

图 1.18 作圆内接正六边形

1.3.1.2 五等分圆周及作内接正五边形

图 1.19 表示了正五边形的近似做法。将铅直直径 A5 分成 5 等分，以点 5 为圆心，5A 为半径作圆弧，交水平直径于点 E、F，延长连线 F2、F4、E2、E4 与圆周相交得点 B、C、G、D，五边形 ABCDG 即为所求。

1.3.2 圆弧连接

作图时要解决两个问题：一是求出连接圆弧的圆心，二是确定连接线段的切点即连接

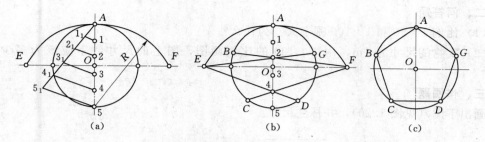

图 1.19 作圆内接正五边形

点。圆弧连接的形式有以下几种，见表1.3。

表 1.3　　　　　　　　　　　　圆 弧 连 接

连接要求	作图方法和步骤		
	求圆心 O	求切点 T_1、T_2	画连接圆弧
连接相交两直线			
连接一直线和一圆弧			
外接两圆弧			
内接两圆弧			

思　考　题

一、填空题

(1) 制图标准对基本图幅规定了五种，分别以 _____ 、_____ 、_____ 、_____ 、_____ 为代号。

(2) 标题栏的外框线为 _____ 线，标题栏的分格线为 _____ 线。

(3) 粗线、中线、细线的宽度比例为 _____ 。

(4) 比例 1:100 是指 _____ 尺寸为1，_____ 尺寸为100。

二、问答题

（1）比例 1∶50 和 1∶100 哪个大？为什么？

（2）实物的尺寸为 1m，用 1∶100 的比例画图，图上的尺寸数字应该为多少？为什么？

三、作图题

画出下图（见图 1.20），并标注尺寸。

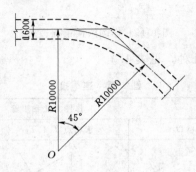

图 1.20　尺寸标注

第2章 投影基本知识

【学习要求】

（1）掌握正投影的概念和特性。

（2）掌握三视图的投影关系。

（3）掌握基本体三视图的投影特征。

工程建筑物及机器都是根据图样施工、制造的，所以图样必须确切地表示出它们的形状、大小、材料及技术要求等。绘制工程图样所依据的是投影原理，投影原理和投影方法是绘制和阅读工程图的基础。

2.1 投影法概述

2.1.1 投影的形成和分类

2.1.1.1 投影的形成

在日常生活中经常会看到这样的现象：人站在阳光下或晚上站在灯光下，地面上就会出现影子，这就是投影现象。人就相当于一个空间物体，影子就相当于平面图形。人们根据日常生活中这种由立体到平面的现象，总结其几何规律，提出了形成物体图形的方法即投影法。

如图 2.1 所示，设空间有一定点 S 及定平面 P，另有一四边形 $ABCD$。连接 SA、SB、SC、SD 并延长使之与平面 P 交于点 a、b、c、d。平面 $abcd$ 就是平面 $ABCD$ 在平面 P 上的投影。平面 P 称为投影面，点 S 称为投影中心，直线 SA、SB、SC、SD 称为投影线。这种把空间几何要素投射到投影面上的方法叫做投影法。

2.1.1.2 投影法的分类

投影法分为中心投影法和平行投影法两类。

（1）中心投影法。所有的投影线都通过投影中心，如图 2.1 所示。放电影及人眼看东西都属于中心投影法。

（2）平行投影法。投影中心移至无穷远，投影线皆平行，如图 2.2 所示。由于投影线与投影面的倾角不同，平行投影又分为两种：①正投影法：投射线与投影面相垂直的平行投影法称为正投影法，根据正投影法所得到的图形称为正投影（或正投影图）；②斜投影法：投射线与投影面相倾斜的平行投影法称为斜投影法，根据斜投影法所得到的图形称为斜投影（或斜投影图）。

工程图一般都采用多（投影）面的正投影法。

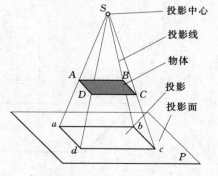

图 2.1 中心投影法

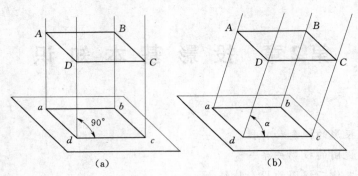

图 2.2　平行投影法

（a）正投影法；（b）斜投影法

如无特殊说明，以后所有投影都指正投影。要产生正投影，必须具备三个要素，即投影线、投影面及物体。

空间点通常用大写字母如 *A*、*B*、*C* 等标记，其投影用相应的小写字母 *a*、*b*、*c* 等标记。

2.1.2　直线和平面的正投影性质

画物体的投影时，要把物体上每条线、每个面都画出来，所以在学习画物体的投影之前，先讨论直线和平面的投影性质。

（1）当直线、平面与投影面平行时，投影反映实长、实形，如图 2.3 所示，这种投影特性称为实形性。

（2）当直线、平面垂直于投影面时，投影积聚成点、直线，如图 2.4 所示，这种投影特性称为积聚性。

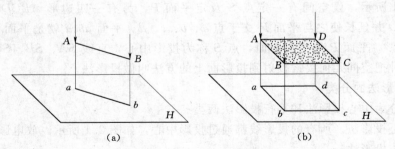

图 2.3　直线与平面的实形性

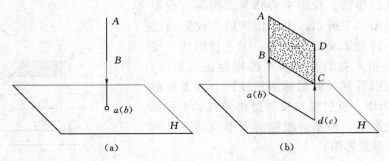

图 2.4　直线与平面的积聚性

（3）当直线、平面倾斜于投影面时，投影仍是直线、平面（且边数不变），但小于实际大小，如图 2.5 所示，这种投影特性称为类似收缩性。

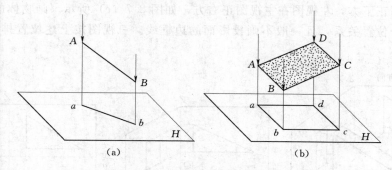

图 2.5 直线与平面的类似收缩性

2.2 三视图的形成及投影规律

画物体的投影时，通常是用人的视线代替垂直投影面的投射线，运用线面的投影性质在投影面上画出物体的正投影，因此正投影又称为视图。在工程上常用多个视图来表达物体，基本的表达方法是用三视图。

2.2.1 三投影面的建立

工程上常采用物体在三个投影面上的投影来反映物体的形状和大小。这三个相互垂直的投影面为正立投影面 V、水平投影面 H、侧立投影面 W，如图 2.6 所示。三个投影面的交线称为投影轴，分别称为 X、Y、Z 轴，三轴的交点 O 称为原点。

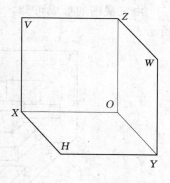

为了作图方便，对物体的长、宽、高三个方向的尺寸及上、下、左、右、前、后六方位统一按下述方法确定：X 轴方向为物体的长度方向，确定左、右方位；Y 轴方向为物体的宽度方向，确定前、后方位；Z 轴方向为物体的高度方向，确定上、下方位。

图 2.6 三投影面

2.2.2 三视图的形成

把物体置于三面投影体系中，并使其表面尽量平行于三个投影面，物体的位置一经放定，其长、宽、高及上下、左右、前后方位即确定，然后将物体向三投影面进行投射，即得物体的三视图，如图 2.7（a）所示。

投影线垂直 V 面，由前往后投影，在 V 面上得到正投影，又叫主视图。

投影线垂直 H 面，由上往下投影，在 H 面上得到水平投影，又叫俯视图。

投影线垂直 W 面，由左往右投影，在 W 面上得到侧面投影，又叫左视图。

为了能把三视图画在同一张图纸上，就需把三个投影面展开成一个平面。方法是：移去空间物体，让 V 面不动，将 H 面与 W 面沿 Y 轴分开，H 面连同俯视图绕 X 轴向下旋转 90°，W 面连同左视图绕 Z 轴向右旋转 90°，与 V 面成一平面。这时，Y 轴分为两个，随 H 面旋转的一个标为 Y_H，随 W 面旋转的一个标为 Y_W，如图 2.7（b）所示。展开后俯视图在主视图正下方，左视图在主视图正右方，如图 2.7（c）所示。画物体的三视图时，必须遵守这个位置关系，且一般不画投影面的边框线。三视图按上述位置排列不需标注图名。

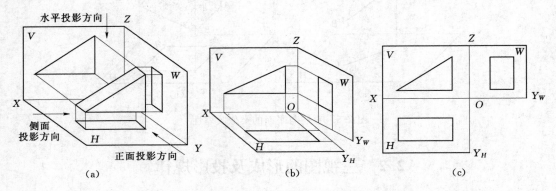

图 2.7　三视图的形成

2.2.3　三视图的投影规律

2.2.3.1　三视图与空间物体的关系

由三视图的形成可知，每个视图都表示物体两个方向的尺寸和四个方位，如图 2.8 所示。

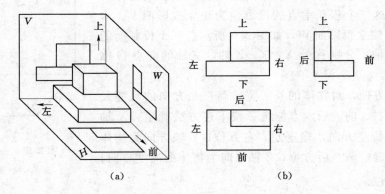

图 2.8　物体的投影

（a）物体在三投影面中的位置；（b）物体的三视图

（1）主视图反映物体长和高方向的尺寸和上下、左右方位。

（2）俯视图反映物体长和宽方向的尺寸和左右、前后方位。

（3）左视图反映物体高和宽方向的尺寸和上下、前后方位。

应当注意：俯视图和左视图远离主视图的一边是物体的前边，靠近主视图的一边是物体的后边。这一点一定要从三视图展开过程中彻底搞清楚。

2.2.3.2　三视图间的投影规律

三视图表达的是同一物体，而且是物体在同一位置分别向三个投影面所作的投影，所以，三视图间具有以下所述的投影规律，如图2.9所示。

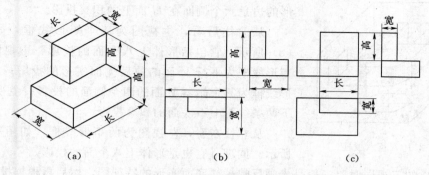

(a)　　　　　　　　　(b)　　　　　　　　　(c)

图2.9　三视图投影规律

（1）主视图和俯视图长对正。

（2）主视图和左视图高平齐。

（3）俯视图和左视图宽相等。

三视图间的投影规律，通常概括为"长对正、高平齐、宽相等"。这个规律是画图和读图的根本规律，无论是整个物体还是物体的局部，其三视图都必须符合这个规律。

借助从 O 点引出的45°线作辅助线保证"宽相等"（45°线必须作得十分准确，否则会引起较大的作图误差）。

应当指出：物体的宽度在俯视图中为竖直方向，在左视图中为水平方向，因此根据宽相等作图时，要注意宽度尺寸量取的方向和起点。

2.3　基本体的投影

任何物体都可以看成是由一些形状规则且简单的形体组成，这样的形体称为基本体。要学会画和读各种工程形体的视图，就要首先学会基本体三视图的画法和识读。

基本体分为平面立体和曲面立体两类。表面都由平面所构成的形体，称为平面体；表面中含有曲面的形体称为曲面体。

2.3.1　平面体

平面体的表面是由若干平面图形（多边形）围成的，各相邻表面之间的交线为棱线或底边，它们的交点为顶点。画平面立体的投影，实际上就是画出平面体上所有棱面和底面的投影。在画图之前要分析各个棱面和底面对于投影面的位置及其投影性质。

常见的平面体有棱柱、棱锥、棱台。

2.3.1.1　棱柱

棱柱的棱线相互平行，棱面都是四边形，底面为多边形。

图2.10所示为一正六棱柱，正六棱柱由八个面围成，其中上下两个底面为全等且平行的正六边形，六个侧面为相同的矩形。为了利用正投影的实形性和积聚性，把正六棱柱摆平放正于三投影面体系中，即上下底面与 H 面平行，前后两侧面与 V 面平行。

从上往下看，俯视图为六边形，如图2.11（a）所示。它是形体上八个面的投影，其

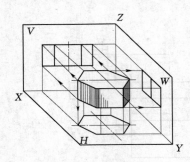

图 2.10　正六棱柱

中六边形面是平行 H 面的上、下底面实形的投影；六边形的边是六个侧面在 H 面上的积聚投影。

从前往后看，主视图为三个矩形线框，如图 2.11（b）所示。它包括形体上八个面的投影，主视图中间的矩形线框为平行 V 面的前后侧面实形的投影；左右两矩形线框为其余倾斜 V 面的四个侧面的投影；主视图中上、下两条线是上下底面的积聚投影。

从左往右看，左视图为两矩形线框，如图 2.11（c）所示。同理，它也是形体上八个面的投影。

画棱柱的三视图时，一般是先画反映棱柱底面实形的特征图，然后再根据投影关系和柱高画出其他视图。

直棱柱三视图的图形特征是：一个视图（特征图）为多边形，是底面实形，反映直棱柱的形状特征；另两个视图都是矩形线框或若干并列组合的矩形线框。

直棱柱三视图的图形特征可形象地归纳为"两矩形线框对应一多边形"。

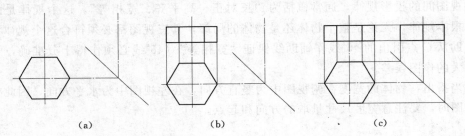

（a）　　　　　　　　　（b）　　　　　　　　　（c）

图 2.11　正六棱柱三视图

2.3.1.2　棱锥

棱锥的棱线交于一点（顶点），各棱面皆为三角形。

四棱锥由五个面围成，底面为长方形，四个侧面均为三角形，四条棱线交于一点（称锥尖）。把四棱锥摆平放正于三投影面体系中，即底面平行 H 面，前后侧面垂直 W 面，左右侧面垂直于 V 面，如图 2.12 所示。

从上往下看，俯视图为含有四个三角形的四边形，它是特征图。四边形为底面实形，四边形内四个三角形即为四个倾斜 H 面侧面的收缩性投影，中点为锥尖的投影，如图 2.13 所示。

从前往后看，主视图为三角形线框，它包括了形体上五个面的投影，主视图中三角形的底边为垂直于 V 面的底面的积聚投影，两腰为垂直 V 面的左右侧面的积聚投影，两腰的交点为锥尖的投影，三角形为倾斜 V 面的前后两棱面收缩性投影。左视图可自行分析。

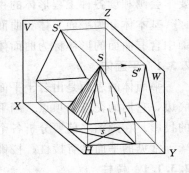

图 2.12　正四棱锥

画棱锥的三视图时，一般也是先画反映棱锥底面实形的特征图，然后再根据投影关系和锥高画出其他视图。

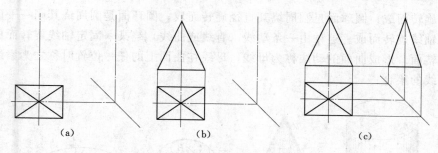

（a） （b） （c）

图 2.13 正四棱锥三视图

同理可绘制正三棱锥的三视图。

从以上两例中可以看出，棱锥三视图的图形特征是：一个视图为多边形，是底面实形（其内有汇交于一点的数条直线），反映棱锥的形状特征；另两个视图都是三角形线框或为有公共顶点的若干三角形线框。

棱锥三视图的图形特征可形象地归纳为"两三角形线框对应一多边形。"

2.3.1.3 棱台

四棱台是四棱锥削去尖端以后的部分，由六个面围成。其中两底面为相互平行的大小不同的四边形，削去锥尖后各侧面均为等腰梯形，如图 2.14 所示。把四棱台放入三投影面体系中，位置同前边四棱锥。四棱台主视图、左视图与四棱锥对比，削尖后均由等腰三角形变成等腰梯形，上底面在 V、W 面上均积聚为水平直线，各侧面投影不变。俯视图中两矩形是底面实形的投影，四个梯形是四个倾斜于 H 面侧面的收缩性投影。

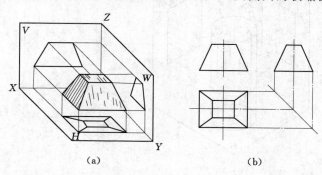

（a） （b）

图 2.14 正四棱台

棱台的画法思路同四棱锥。应指出的是：画每个视图都应先画两底面，然后连出各棱线。

其他棱台同理可分析。由此可得棱台三视图的图形特征是：一个视图为多边形（其内还套一个类似多边形，且两多边形顶点间有连线）反映棱台的形状特征；另两个视图是梯形线框。

棱台三视图的图形特征可形象地归纳为"两梯形线框对应一多边形"。

2.3.2 曲面体

由曲面或曲面与平面围成的立体称曲面体。常见的曲面体有圆柱、圆锥、圆台、圆球。

如图 2.15 所示，圆柱面是直线绕与它平行的轴线旋转而成；圆锥面是直线绕与之相

17

交的轴线旋转而成；圆球面是圆周绕其直径旋转而成；圆环面是圆周绕其同一平面上不通过圆心的轴线旋转而成。这种由一条动线（直线或曲线）绕某一固定轴线旋转而成的曲面统称为回转面。形成曲面的动线称为母线，母线在曲面上的任一位置时称之为素线，所以曲面是素线的集合。

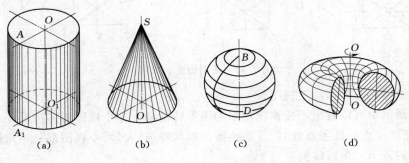

图 2.15　曲面体

2.3.2.1　正圆柱

正圆柱的表面包括圆柱面和上、下两个底圆。

如图 2.16 所示为正立圆柱在三投影面体系中的投影和它的三视图。圆柱的轴线垂直

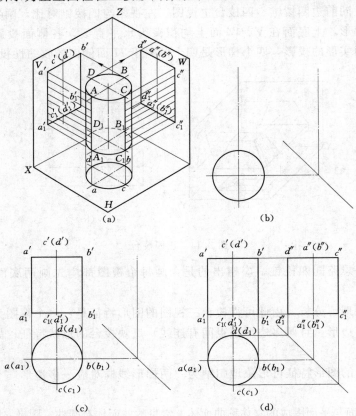

图 2.16　圆柱体

于 H 面，圆柱面上素线 AA_1、BB_1、CC_1、DD_1 位于圆柱体最左、最右、最前、最后位置，这种处于圆柱体最外廓的素线称为圆柱的轮廓素线，其中 AA_1（最左）、BB_1（最右）轮廓素线为正向轮廓素线（只在主视图中画出），CC_1（最前）、DD_1（最后）轮廓素线为侧向轮廓素线（只在左视图中画出）。

从上往下看，俯视图为圆。它是体上三个面的投影，其中圆面是上下两底面的重影，且反映实形；圆柱面垂直于 H 面，其在 H 面上的投影积聚为圆曲线；四条轮廓素线均垂直 H 面，投影都积聚为点，分别积聚在圆与中心线的交点处。

从前往后看，主视图为矩形。矩形的上下边线是圆柱上、下底面的积聚投影；矩形的左右两条边 $a'a_1'$、$b'b_1'$ 是正向轮廓素线 AA_1、BB_1 的投影；点划线表示轴线的位置，CC_1、DD_1 侧向轮廓素线投影位置在轴线上，但不画出；矩形面表示前、后两半圆柱面的重影，以正向轮廓素线为界，前半圆柱面可见，后半圆柱面不可见。

从左往右看，左视图是与主视图全等的矩形线框，但含义不同。矩形的上下边线是圆柱上底面和下底面的积聚投影，矩形的左右两条边 $d''d_1''$、$c''c_1''$ 是侧向轮廓素线 DD_1、CC_1 的投影。点划线表示轴线的位置，AA_1、BB_1 正向轮廓素线投影位置在轴线上，但不画出。矩形面表示左、右两半圆柱的重影，以侧向轮廓素线为界，左半圆柱面为可见，右半圆柱面为不可见。

画圆柱的三视图时，应先画出中心线、轴线，然后再画反映底面实形的特征图，之后根据投影关系和柱高画出另两视图。

圆柱三视图的图形特征是"两矩形线框对应一圆形线框。"

2.3.2.2 圆锥

正圆锥的表面包括圆锥面和底面。

图 2.17 是正圆锥在三投影面体系中的投影和它的三视图。

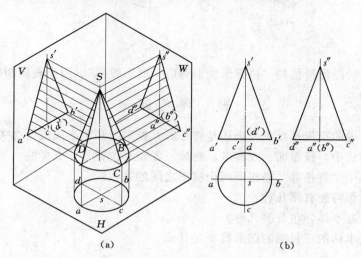

图 2.17　圆锥体

从上往下看，俯视图为圆。圆是底面与圆锥面的重影，锥面在上为可见，底面在下不可见。锥顶点投影与圆心重合，四条轮廓素线投影位置分别于中心线重合，但不画出。

从前往后看，主视图为等腰三角形线框。三角形下边线是圆底面的积聚投影，三角形两斜边 $s'a'$、$s'b'$ 是正向轮廓素线的投影。点划线表示轴线，SC、SD 侧向轮廓素线的投影位置在轴线处，但不画出。三角形面表示前、后两半圆锥面的重影，以两条正向轮廓素线为界，前半圆锥面可见，后半圆锥面不可见。同理分析左视图。

圆锥三视图的图形特征是"两三角形线框对应一圆形线框"。

2.3.2.3 圆台

圆台是圆锥削去尖端的部分（平行底面削尖）。

圆台三视图的图形特征是"两梯形线框对应一圆形线框（两同心圆）"。

2.3.2.4 圆球

圆球由一个面围成，该面是一个不可展的曲面。

圆球的三视图是三个大小相同的圆，其直径等于球的直径。这三个圆分别是球面上三条轮廓素线的投影，如图 2.18（a）所示，其中 M 圆是最大正平圆为正向轮廓素线，N 圆是最大水平圆为俯向轮廓素线，K 圆是最大侧平圆为侧向轮廓素线，这些圆的其他投影均与中心线重合，但不画出，如图 2.18（b）所示。

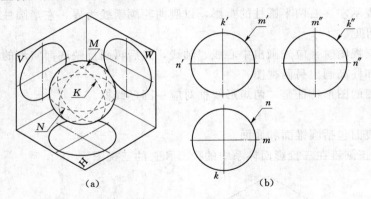

（a）   （b）

图 2.18 圆球

圆球三视图的图形特征是"两圆形线框对应一圆形线框"（圆框直径相等）。

思 考 题

（1）通常所说的投影是指正投影还是斜投影？投影线和投影面成什么关系？

（2）正投影法中，投影面、观察者、物体三者相对位置是什么样的？

（3）三视图中"宽相等"是指哪两个视图之间的关系？

（4）圆的投影可能有哪几种？

（5）什么是基本体，包含哪几种？

（6）各种基本体的三视图的图形特征是什么？

第3章 点、直线、平面的投影

【学习要求】

（1）熟练掌握点及各种位置直线、平面的投影规律、特性、投影特征和作图方法。

（2）掌握两直线相对位置的投影特性。

（3）理解用直角三角形法求一般位置直线的实长及其对各投影面倾角的方法。

（4）掌握直线上取点、平面上取点及平面上取线的作图方法。

点、直线、平面是构成物体的基本几何元素，掌握它们的投影理论和作图方法，可提高对物体投影的分析能力和空间想象能力，解决复杂物体画图及读图中的问题。

3.1 点 的 投 影

3.1.1 点的三面投影及其投影规律

3.1.1.1 点的三面投影

空间点 A 分别向三个投影面 H、V、W 作水平投影、正面投影、侧面投影，用相应的小写字母 a、a'、a'' 作为投影符号，如图 3.1 所示。

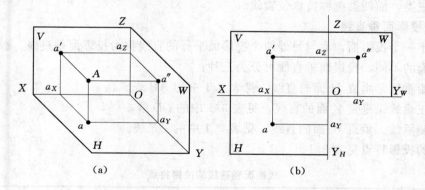

图 3.1 点的三面投影

(a) 直观图；(b) 投影图

3.1.1.2 点的投影规律

（1）点的投影连线垂直于投影轴，如 $aa' \perp OX$、$a'a'' \perp OZ$、$aa_Y \perp OY_H$、$a''a_Y \perp OY_W$。

（2）点的投影与投影轴的距离反映该点坐标，也就是该点与相应的投影面的距离，如 $a'a_X = a''a_Y = Aa =$ 空间点 A 到 H 面的距离；$aa_X = a''a_Z = Aa' =$ 空间点 A 到 V 面的距离；$a'a_Z = aa_Y = Aa'' =$ 空间点 A 到 W 面的距离。

3.1.2　点的坐标

在三面投影体系中的点 A 也可用直角坐标系表示为 A（x，y，z），如 A 点的坐标为 $x=20$，$y=15$，$z=10$，则可写成（20，15，10）。点 A 的三个投影坐标可分别表示为 a（x，y）、a'（x，z）、a''（y，z）。

点 A 的直角坐标、投影及 A 到投影面的距离存在如下关系：

（1）$x=Aa''=a'a_z$。

（2）$y=Aa'=a''a_z$。

（3）$z=Aa=a'a_X$。

可见，一点的任意两个投影的坐标值包含了确定该点空间位置的三个坐标，据此，若已知空间点的坐标，则可求其三面投影，反之亦可。

3.1.3　两点的相对位置

由于点的 x、y、z 坐标分别反映了点对 W、V、H 面的距离，故比较两个点的 x、y、z 坐标的大小，就能确定两点的相对位置。x 大者在左，y 大者在前，z 大者在上。

3.2　直 线 的 投 影

直线的投影一般仍为直线。画直线段的投影，可先作出直线段两端点的投影，然后用粗实线将其同面投影连成直线即得。

3.2.1　各种位置直线的投影特点

在三投影面体系中，直线按其位置不同，可分为投影面垂直线、投影面平行线及一般位置直线三类，前两类统称特殊位置线。

3.2.1.1　投影面垂直线

垂直于一个投影面，而与另外两个投影面平行的直线称为投影面垂直线。根据其所垂直的投影面的不同，投影面垂直线可分为三种：

（1）铅垂线。垂直 H 面的直线，见表 3.1 中的 AB 线。

（2）正垂线。垂直 V 面的直线，见表 3.1 中的 CD 线。

（3）侧垂线。垂直 W 面的直线，见表 3.1 中的 EF 线。

它们的投影特点见表 3.1。

表 3.1　　　　　　　　　　　投影面垂直线的投影特点

名称	投　影　图　例		投　影　特　性
铅垂线	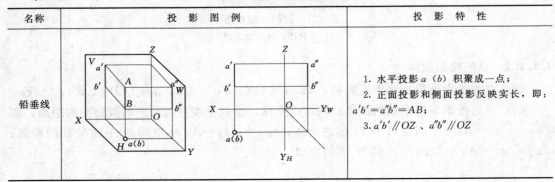		1. 水平投影 a（b）积聚成一点； 2. 正面投影和侧面投影反映实长，即：$a'b'=a''b''=AB$； 3. $a'b'$ // OZ、$a''b''$ // OZ

续表

名称	投 影 图 例	投 影 特 性
正垂线	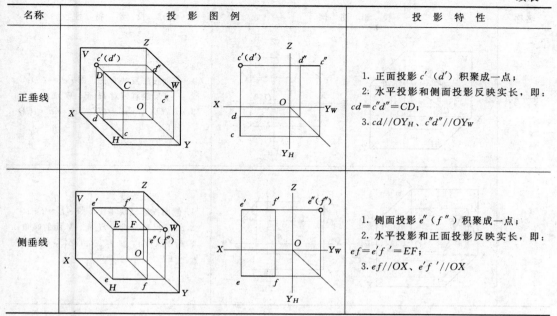	1. 正面投影 c'（d'）积聚成一点； 2. 水平投影和侧面投影反映实长，即： $cd=c''d''=CD$； 3. $cd//OY_H$、$c''d''//OY_W$
侧垂线		1. 侧面投影 e''（f''）积聚成一点； 2. 水平投影和正面投影反映实长，即： $ef=e'f'=EF$； 3. $ef//OX$、$e'f'//OX$

投影面垂直线的投影特点可归纳为：在与直线垂直的投影面上的投影积聚为一点，其他两投影平行于同一投影轴，并反映实长。

3.2.1.2 投影面平行线

平行于一个投影面，而与另外两个投影面倾斜的直线称为投影面平行线。投影面平行线根据其三种位置又可分为：

（1）水平线。平行于水平面，见表 3.2 中的 AB 线。

（2）正平线。平行于正平面，见表 3.2 中的 CD 线。

（3）侧平面。平行于侧立面，见表 3.2 中的 EF 线。

直线对投影面的夹角即直线对投影面的倾角，α、β、γ 分别表示直线对 H 面、β 面、γ 面的倾角。

它们的投影特点见表 3.2。

表 3.2　　　　　　　　　　　**投影面平行线的投影特点**

名称	投 影 图 例	投 影 特 性
水平线		1. 水平投影反映实长，即 $ab=AB$； 2. β、γ 反映直线对 V 面、W 面的倾角； 3. $a'b'//OX$，$a''b''//OY_W$、$a'b'<AB$、$a''b''<AB$

名称	投影图例	投影特性
正平线	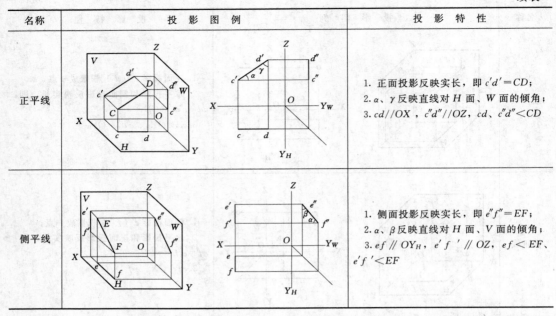	1. 正面投影反映实长，即 $c'd'=CD$； 2. α、γ 反映直线对 H 面、W 面的倾角； 3. $cd // OX$，$c''d'' // OZ$，cd、$c''d'' < CD$
侧平线		1. 侧面投影反映实长，即 $e''f''=EF$； 2. α、β 反映直线对 H 面、V 面的倾角； 3. $ef // OY_H$，$e'f' // OZ$，$ef < EF$、$e'f' < EF$

投影面平行线的投影特点：在与直线平行的投影面上的投影为一斜线反映实长，并反映与其他两投影面的倾角，其余两投影小于实长，且平行相应两投影轴。

3.2.1.3　一般位置直线

相对三投影面都倾斜的直线称为一般位置直线。

一般位置直线的投影特征为：三投影都倾斜且小于实长，其与投影轴的夹角不反映空间直线与投影面的倾角，如图 3.2 所示。

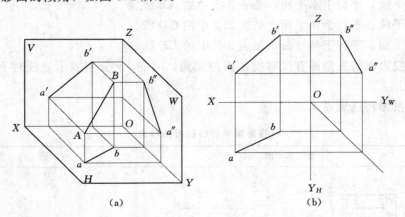

（a）　　　　　　　　　　　　　　（b）

图 3.2　一般位置直线

3.2.2　线段实长和倾角的求法

根据前面的分析可知，特殊位置直线可以从它们的三面投影中直接求得空间直线的实长和倾角，一般位置直线的三投影不反映实长和对投影面的倾角，可在其投影图上用图解法求出。本节介绍直角三角形法。

如图 3.3 所示，在直角三角形 ABB_1 中，斜边 AB 就是线段本身，底边 AB_1 等于线段 AB 的水平投影 ab，对边 BB_1 等于线段 AB 两端点的 Z 坐标之差 $\Delta Z = Z_B - Z_A$，即等于 $a'b'$ 两端点到投影轴 Z 轴的距离之差，而斜边 AB 与底边 AB_1 的夹角即为线段 AB 对水平投影面的倾角 α。

同理分析另两直角三角形的空间几何关系。

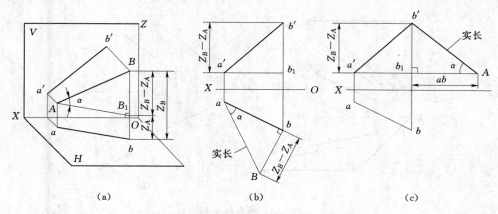

（a）　　　　　　　　　（b）　　　　　　　　　（c）

图 3.3　一般位置直线的实长及倾角

只要作出这些三角形，便可得到线段实长及倾角，这种图解方法称为直角三角形法。

3.2.3　直线上的点

直线上的点的投影具有下列特性：

（1）直线上点的投影必在该直线的同面投影上，这个特性称为从属性。

（2）若直线上的点将线段分成定比，则该点的投影也必将该直线的同面投影分成相同的定比，这个特性称为定比性。

如图 3.4 所示，K 点把线段 AB 分成 AK、BK 两段，$AK/BK = m/n$，K 点的三面投影 k、k'、k'' 分别在直线的同面投影 ab、$a'b'$、$a''b''$ 上，且 $ak/bk = a'k'/b'k' = a''k''/b''k'' = AK/BK = m/n$。

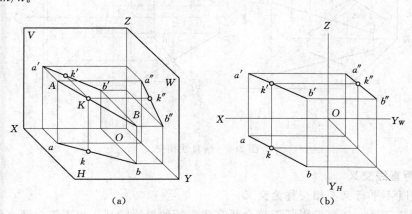

（a）　　　　　　　　　　　　　　　（b）

图 3.4　直线上的点

3.2.4　两直线的相对位置

空间两直线的相对位置有平行、相交、交叉三种情况。

3.2.4.1　两直线平行

平行两直线的投影特征是：两直线平行，它们的同面投影必相互平行；反之，如果各组同面投影都互相平行，则两直线在空间必定互相平行，如图 3.5 所示。

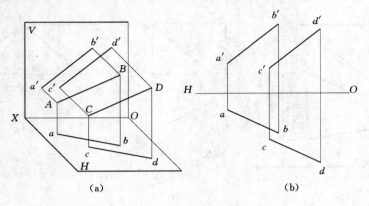

图 3.5　两直线平行

3.2.4.2　两直线相交

相交两直线必有一交点，交点为两直线的共有点。

相交两直线的投影特征是：两直线相交，它们的同面投影也必定相交，且各投影的交点符合点的投影规律。反之，如果两直线的各组同面投影都相交，且交点符合空间点的投影规律，则这两直线在空间一定相交，如图 3.6 所示。

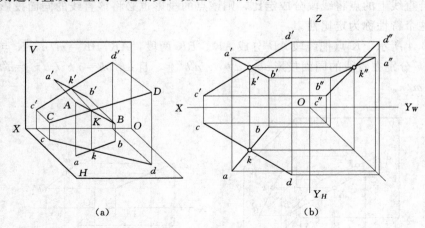

图 3.6　两直线相交

3.2.4.3　两直线交叉

两直线既不平行又不相交称为交叉。

其投影特征是：各面投影既不符合两直线平行的投影特征，也不符合两直线相交的投影特征。

交叉两直线的投影也可能有一组、两组甚至三组是相交的，但它们的交点不符合点的投影规律，是重影点的投影。

判断交叉两直线重影点可见性的步骤为：先从重影点画一根垂直于投影轴的直线到另一个投影中去，就可以将重影点分开成两个点，所得两个点中坐标值大的一点为可见，坐标值小一点为不可见，不可见的投影要加括号如图 3.7 所示。

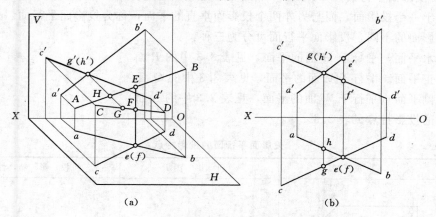

图 3.7　两直线交叉

3.3　平 面 的 投 影

3.3.1　平面的表示

3.3.1.1　平面的表示方法

平面的空间位置可由如图 3.8 所示任一组几何元素确定：

图 3.8（a）为不在同一直线上的三个点。

图 3.8（b）为一直线和直线外的一个点。

图 3.8（c）为两条相交直线（AB 与 CD 相交）。

图 3.8（d）为两条平行直线（AB 与 CD 平行）。表示平面的五组几何要素是相互联系而又可转换的。用平面图形的投影表示平面是最形象的一种方法。

图 3.8（e）为任意平面图形（常用的图形有三角形、四边形等）。

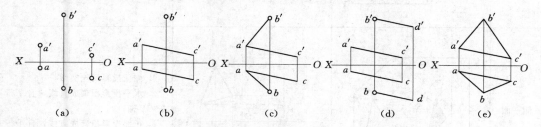

图 3.8　平面的表示方法

3.3.1.2　平面投影的画法

画平面多边形的投影时，一般先画出各顶点的投影，然后将它们的同面投影依次连接即成。

3.3.2　各种位置平面的投影特点

平面按其在三投影面体系中位置的不同，可分为投影面平行面、投影面垂直面、一般位置平面。前两类统称为特殊位置面。

3.3.2.1　投影面平行面

平行于一个投影面，而与另外两个投影面垂直的平面，称为投影面平行面。根据其所平行的投影面的不同，投影面平行面可分为三种：

（1）水平面。平行于 H 面的平面，见表 3.3 中的 P 面。

（2）正平面。平行于 V 面的平面，见表 3.3 中的 Q 面。

（3）侧平面。平行于 W 面的平面，见表 3.3 中的 S 面。

它们的投影特点见表 3.3。

表 3.3　　　　　　　　　　投影面平行面的投影特点

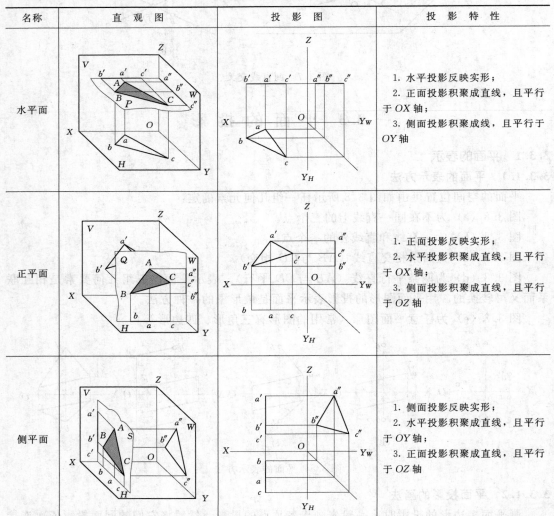

名称	直观图	投影图	投影特性
水平面			1. 水平投影反映实形； 2. 正面投影积聚成直线，且平行于 OX 轴； 3. 侧面投影积聚成线，且平行于 OY 轴
正平面			1. 正面投影反映实形； 2. 水平投影积聚成直线，且平行于 OX 轴； 3. 侧面投影积聚成直线，且平行于 OZ 轴
侧平面			1. 侧面投影反映实形； 2. 水平投影积聚成直线，且平行于 OY 轴； 3. 正面投影积聚成直线，且平行于 OZ 轴

3.3.2.2 投影面垂直面

垂直于一个投影面而与另外两个投影面倾斜的平面称为投影面垂直面。根据其所平行的投影面的不同，投影面平行面可分为三种：

（1）铅垂面。垂直于 H 面倾斜于 V 面、W 面的平面，见表 3.4 中的 P 面。

（2）正垂面。垂直于 V 面倾斜于 H 面、W 面的平面，见表 3.4 中的 Q 面。

（3）侧垂面。垂直于 W 面倾斜于 V 面、H 面的平面，见表 3.4 中的 S 面。

它们的投影特点见表 3.4。

表 3.4　　　　　　　　　　　　　　投影面垂直面的投影特点

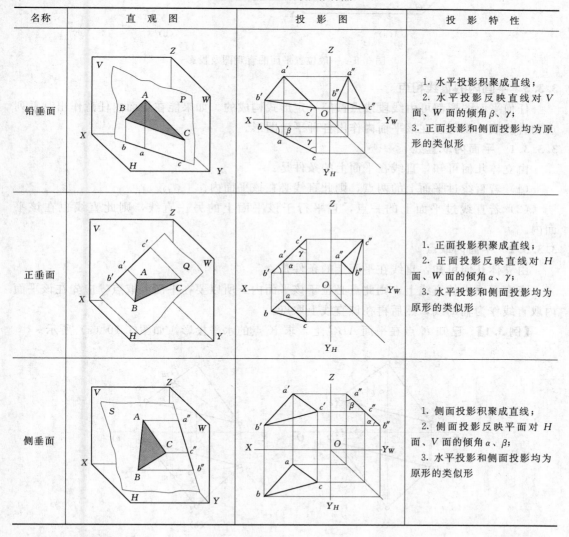

名称	直观图	投影图	投影特性
铅垂面			1. 水平投影积聚成直线；2. 水平投影反映直线对 V 面、W 面的倾角 β、γ；3. 正面投影和侧面投影均为原形的类似形
正垂面			1. 正面投影积聚成直线；2. 正面投影反映直线对 H 面、W 面的倾角 α、γ；3. 水平投影和侧面投影均为原形的类似形
侧垂面			1. 侧面投影积聚成直线；2. 侧面投影反映平面对 H 面、V 面的倾角 α、β；3. 水平投影和侧面投影均为原形的类似形

3.3.2.3 一般位置面

相对三投影面都倾斜的平面称为一般位置平面。其投影特征是：三投影均为类似形，且不反映该平面与投影面的倾角，如图 3.9 所示。

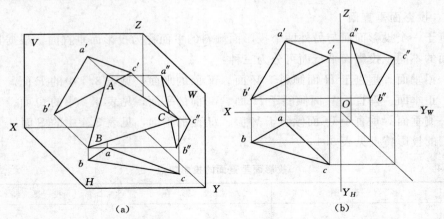

(a)　　　　　　　　　　　　　(b)

图 3.9　一般位置平面的直观图及投影

3.3.3　平面内的直线和点

任何平面图形都可由线段或点按照一定形式构成的。如果能在平面内任意作出一系列点和直线段，就可以在该平面内作出各种平面图形。

3.3.3.1　平面内取直线

由立体几何可知，直线在平面上的条件是：

（1）若直线过平面上的两点，则此直线必在该平面内。

（2）若直线过平面上的一点，且平行于该平面上的另一直线，则此直线也在该平面内。

3.3.3.2　平面内取点

由立体几何可知，直线在平面上的条件是：

点在平面内的直线上，则此点必位于该平面内。所以要在平面上取点，应先在该平面内取直线作为辅助线，然后再在该直线上取点。

【例 3.1】　已知 K 点在平面 ABC 上，求 K 点的水平投影，如图 3.10（a）所示。

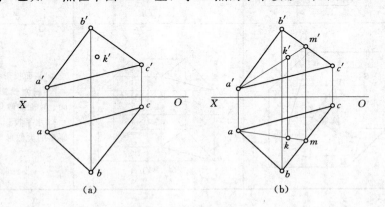

(a)　　　　　　　　　　　　　(b)

图 3.10　平面上取点

解：要求平面 ABC 上的 K 点，要先在平面 ABC 求过 K 点的已知直线。连接直线 $a'k'$ 并延长，交 $b'c'$ 于 m'，根据点的投影特点求得 m，连接 am，再求得 k，如图 3.10

（b）所示。

思 考 题

（1）空间点 A 的投影 a 到 X 轴、Y 轴的距离分别反映 A 到哪个投影面的距离？

（2）A（20，15，10）和 B（15，10，5）的相对位置是什么？

（3）如果 C 点在直线 AB 中点，则 C 点的三面投影是否位于直线的三面投影上？位置如何？

（4）正平线和三个投影面分别成什么关系，三个投影有什么特性？

（5）两直线 AB 和 CD 的三个投影都相交，则 AB 和 CD 可能是什么位置关系？为什么？

（6）正平面和三个投影面分别成什么关系？三个投影有什么特性？

（7）点 D 在平面 ABC 上，但不在直线 AB、AC 或 BC 上，已知投影 abc、$a'b'c'$ 及 k，求 k'。

第4章 轴 测 投 影

【学习要求】

（1）理解轴测图的形成和基本特性。

（2）掌握正等测轴测图和斜二测轴测图的绘制。

前面介绍的三面投影图在工程中应用最为广泛，但是每个投影图都只能反映物体的两个方向的尺寸，要表达一个物体要用两个或三个投影图，如图4.1（a）所示。下面我们将要学习的轴测投影图能用一个投影图表达一个物体，同时反映物体的长、宽、高，如图4.1（b）、（c）所示，富有立体感，易看懂。但在工程图纸中，一般把轴测图作为辅助性图样，以帮助读图，便于施工。

轴测图能同时反映物体的长、宽、高。本章主要学习轴测图的形成与轴测图的画法。

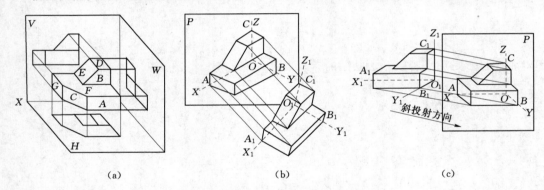

(a)   (b)   (c)

图4.1　三面投影图与轴测投影图

4.1　概　　述

4.1.1　轴测投影图的形成

用平行投影的方法，把形体连同它的坐标轴（X_1，Y_1，Z_1）一起向单一投影面（P）投影得到的具有立体感的投影图称为轴测图（俗称立体图），如图4.1（b）、（c）所示。

（1）轴测投影面。用于画轴测图的投影面。

（2）轴测轴。空间三根坐标轴（投影轴）O_1X_1、O_1Y_1、O_1Z_1在轴测投影面上的投影OX、OY、OZ。

（3）轴间角。两轴测轴之间的夹角$\angle XOY$、$\angle YOZ$、$\angle XOZ$。

（4）轴向伸缩系数。轴测轴上的单位长度与相应的投影轴上的单位长度的比值。OX轴、OY轴、OZ轴的轴向伸缩系数分别用p、q、r表示，$p = OA/O_1A_1$，$q = OB/O_1B_1$，$r = OC/O_1C_1$。

4.1.2 轴测图

4.1.2.1 轴测图的种类

（1）按照投影方向与轴测投影面的夹角不同，轴测图可以分为：①正轴测图——用正投影法所得到的轴测图，如图 4.1（b）所示；②斜轴测图——用斜投影法得到的轴测图，如图 4.1（c）所示。

（2）按照轴向伸缩系数的不同，轴测图可以分为：①正（斜）等测轴测图，$p＝q＝r$，简称正（斜）等测图；②正（斜）二等测轴测图，$p＝r≠q$（或 $p≠r＝q$ 或 $p＝q≠r$），简称正（斜）二测图；③正（斜）三等测轴测图，$p≠q≠r$，简称正（斜）三测图。

4.1.2.2 常用的轴测图

（1）正等轴测图（正等测图）。投射方向垂直于投影面，三个轴向伸缩系数都相等。

（2）正二等轴测图（正二测图）。投射方向垂直于投影面，有两个轴向伸缩系数相等。

（3）斜等轴测图（斜等测图）。轴测投影面平行于正立投影面（坐标面 XOZ），投射方向倾斜于轴测投影面，三个轴向伸缩系数都相等。

（4）斜二等轴测图（斜二测图）。轴测投影面平行于正立投影面（坐标轴 XOZ），投射方向倾斜于轴测投影面，有两个轴向伸缩系数都相等。

其中，最常用的是正等轴测图、斜二等轴测图。

4.1.3 轴测图的基本特性

轴测投影是用平行投影法绘制的，所以具有平行投影的性质。

（1）平行性。物体上互相平行的线段，在轴测图中仍然相互平行；物体上平行于坐标轴的线段，在轴测图中平行于相应的轴测轴。

（2）可量性。只有与坐标轴平行的线段才能按相应坐标轴的轴向伸缩系数量取尺寸。

4.2 正 等 测 图

如图 4.2 所示为基本体（长方体、圆柱）和组合体（叠加式、切割式）的正等测图。

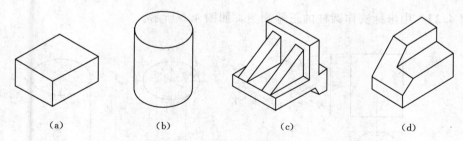

图 4.2 正等测图

(a) 长方体；(b) 圆柱；(c) 叠加式组合体；(d) 切割式组合体

4.2.1 正等测图的轴测轴、轴间角和轴向伸缩系数

将物体斜放，使其三个坐标轴都倾斜于轴测投影面 P，且倾角相等，用正投影法将物体投射到 P 面上，所得的轴测图称为正等测图。

（1）轴测轴。Z 轴画成垂直位置，X 轴、Y 轴均与水平线成 30°，如图 4.3 所示。

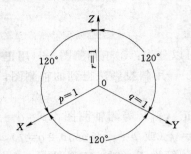

图 4.3　正等测图轴测轴、
轴间角、轴向伸缩系数

（2）轴间角。正等测图三个轴间角相等，均为 120°，即 $\angle XOY = \angle YOZ = \angle XOZ = 120°$，如图 4.3 所示。

（3）轴向伸缩系数。正等测图三个轴向伸缩系数 $p = q = r = 0.82$。为了画图简便，常把轴向伸缩系数简化为 1，采用简化系数绘出的轴测图是实际投影的 1.22 倍，如图 4.3 所示。

4.2.2　正等测图的画法

画正等测图常用的方法有坐标法、叠加法、切割法等，画轴测图应根据物体的形状特征选择适当的作图方法。

4.2.2.1　坐标法

根据物体上各端点的坐标，作出各端点的轴测投影，并依次连接，这种得到物体轴测图的方法称为坐标法。

坐标法是绘制轴测图的基本方法，不但适用于平面立体，也适用于曲面立体；不但适用于正等测图，也适用于其他轴测图的绘制。

【例 4.1】　用坐标法作四棱柱的正等测图，如图 4.4 所示。

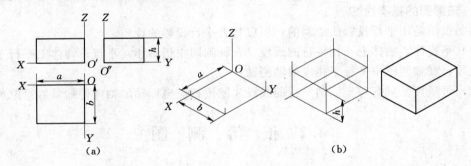

（a）　　　　　　　　　　　　　　　　（b）

图 4.4　四棱柱的正等测图画法

【例 4.2】　用坐标法作圆柱的正等测图，如图 4.5 所示。

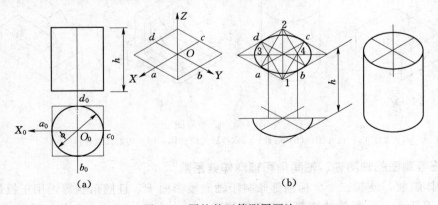

（a）　　　　　　　　　　　　　　　（b）

图 4.5　圆柱的正等测图画法

4.2.2.2 叠加法

对于由若干个基本体叠加而成的物体，宜在形体分析的基础上，在明确各基本体相对位置的前提下，将各个基本体逐个画出，完成物体的轴测图，这种画法称叠加法。画图顺序一般是先大后小。

【例 4.3】 用叠加法绘制挡土墙的正等测图，如图 4.6 所示。

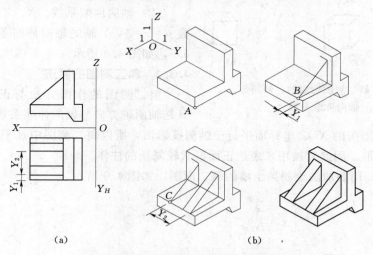

图 4.6 用叠加法绘制挡土墙的正等测图

4.2.2.3 切割法

对于能从基本体切割而成的物体，宜先画出原体基本体，然后再画切割处，得出该物体的轴测图，这种方法称切割法。

【例 4.4】 用切割法作形体的正等测图，如图 4.7 所示。

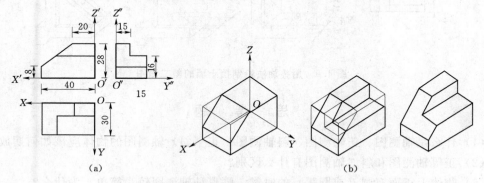

图 4.7 用切割法作形体的正等测图

4.3 斜 二 测 图

4.3.1 斜二测图的轴测轴、轴间角和轴向伸缩系数

将物体正放，使坐标轴 Z 和 X 平行于轴测投影面 P，用斜投影法投影，并使三个轴

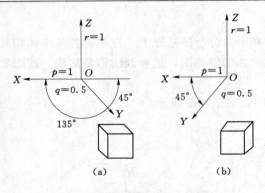

图 4.8　斜二测图轴测轴、轴间角、
轴向伸缩系数

向伸缩系数中有两个相等，所得到的轴测图，称为斜二测图。

（1）轴间角。斜二测的 Z 轴成垂直位置，轴间角 $\angle XOZ=90°$，$\angle XOY=135°$ 或 $\angle XOY=45°$，如图 4.8 所示。

（2）轴向伸缩系数。X、Z 轴轴向伸缩系数 $p=r=1$，Y 轴的轴向伸缩系数一般取 $q=0.5$，如图 4.8 所示。

4.3.2　斜二测图的画法

斜二测图的作图方法与正等测图相同，只是轴测轴方向与轴向伸缩系数不同。

由于斜二测图的 XOZ 坐标面平行于轴测投影面，所以斜二测图中凡平行轴测投影面 P 的面均为实形，因此常被用来表达正面形状较复杂的柱体。

【例 4.5】　用叠加法绘制挡土墙的斜二测图，如图 4.9 所示。

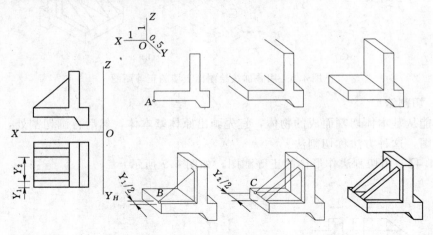

图 4.9　用叠加法绘制挡土墙的斜二测图

思　考　题

（1）什么是轴测图、正轴测图、斜轴测图？正（斜）轴测图的物体应该如何摆放？

（2）正等轴测图和斜二轴测图有什么区别？

（3）物体上正面有圆（或圆弧）的时候，画哪种轴测图较为简单？为什么？

第 5 章　AutoCAD 2009 操作基础

【学习要求】

（1）初步了解 AutoCAD 2009。

（2）掌握 AutoCAD 2009 的文件管理方法。

（3）学会 AutoCAD 2009 的输入方法。

5.1　AutoCAD 2009 的初步认识

5.1.1　AutoCAD 的基本功能

AutoCAD 是由美国 Autodesk 公司开发的通用计算机辅助绘图与设计软件包，它能够绘制平面图形与三维图形、标注图形尺寸、渲染图形以及打印输出图纸，已成为工程设计领域应用最广泛的计算机辅助设计软件之一。

其基本功能主要包括：①绘制与编辑图形；②标注图形尺寸；③渲染三维图形；④输出与打印图形。

5.1.1.1　绘制与编辑图形

AutoCAD 提供了丰富的绘图命令，使用这些命令可以绘制直线、构造线、多段线、圆、矩形、多边形、椭圆等基本图形，也可以将绘制的图形转换为面域，对其进行填充，还可以借助编辑命令绘制各种复杂的二维图形。

5.1.1.2　标注图形尺寸

标注图形尺寸，可显示对象的测量值，对象之间的距离、角度，或者特征与指定原点的距离。在 AutoCAD 中提供了线性、半径和角度三种基本的标注类型，可以进行水平、垂直、对齐、旋转、坐标、基线或连续等标注。此外，还可以进行引线标注、公差标注，以及自定义粗糙度标注。标注的对象可以是二维图形或三维图形。

5.1.1.3　渲染三维图形

在 AutoCAD 中，可以运用雾化、光源和材质，将模型渲染为具有真实感的图像。

5.1.1.4　输出与打印图形

AutoCAD 可以将其绘制完成的图形通过绘图仪或打印机输出，也可以其他格式进行保存或将其他格式的图形导入 AutoCAD 中。如果只需快速查看设计的整体效果，则可以简单消隐或设置视觉样式。如果是为了演示，可以渲染全部对象；如果时间有限，或显示设备和图形设备不能提供足够的灰度时，AutoCAD 不仅允许将所绘图形以不同样式通过绘图仪或打印机输出，还能够将不同格式的图形导入 AutoCAD 或将 AutoCAD 图形以其他格式输出。因此，当图形绘制完成之后可以使用多种方法将其输出。例如，可以将图形打印在图纸上，或创建成文件以供其他应用程序使用。如果只需快速查看设计的整体效果，则可以简单消隐或设置视觉样式。

5.1.2　AutoCAD 2009 的运行要求

AutoCAD 2009 是一个图形设计软件，它对计算机系统的要求相对来说比较高。因此在安装 AutoCAD 2009 之前，需要了解它对计算机系统的基本配置要求，这样才能保证软件的正常运行。虽然在最基本的软硬件条件下 AutoCAD 2009 也能正常运行，但是用户将不得不忍受漫长的等待过程。本节向用户介绍 AutoCAD 2009 对计算机系统软、硬环境的要求。

5.1.2.1　"32 位"版本的运行要求

1. 操作系统

AutoCAD 2009 中文版可稳定运行在 Windows Vista /XP Home /Professional SP2 以上。为了更好地运行 AutoCAD 2009，建议使用上述操作系统的中文版。

2. 硬件环境

（1）CPU（中央处理器）。Intel Pentium 4 或者 AMD Athlon 双核处理器，1.6 GHz 或更快的处理器或兼容产品。

（2）内存。建议用户安装 2GB 或更多的内存。

（3）浏览器。Internet Explorer7.0 或更高版本。

（4）可用硬盘空间。为了能够更好地运行 AutoCAD 2009，建议用户要有 1GB 以上的可用硬盘空间。

（5）显示器及显示适配器。1024×768 VGA 视频显示，支持 24 位真彩色的显示适配器，具有 32MB 或更多的显示内存。

（6）鼠标。标准串行或 PS/2 鼠标器。建议用户使用 Microsoft 智能鼠标器。

5.1.2.2　"64 位"版本的运行要求

1. 操作系统

AutoCAD 2009 中文版可稳定运行在 Windows XP Professinal x64 Edition SP2/Vista SP1 或以上。为了更好地运行 AutoCAD 2009，建议使用上述操作系统的中文版。

2. 硬件环境

（1）CPU（中央处理器）。Intel Pentium 4 具有 Inter EM64T 支持并采用 SSE2 技术，AMD Athlon 64 采用 SSE2 技术，AMD Opterron 采用 SSE 技术。

（2）内存。建议用户安装 2GB 或更多的内存。

（3）浏览器。Internet Explorer7.0 或更高版本。

（4）可用硬盘空间。为了能够更好地运行 AutoCAD 2009，建议用户要有 1.5GB 以上的可用硬盘空间。

（5）显示器及显示适配器。1024×768 VGA 视频显示，支持 24 位真彩色的显示适配器，具有 32MB 或更多的显示内存。

（6）鼠标。标准串行或 PS/2 鼠标器。建议用户使用 Microsoft 智能鼠标器。

以上是安装 AutoCAD 2009 的必备硬件。另外，有条件的用户可安装与 AutoCAD 2009 相应的打印机或绘图仪、数字化仪。若用户想通过 AutoCAD 2009 在网络交流，则应申请一个 ISP 账号以及安装一个调制解调器；如果用户需要通过局域网（Intranet）与其他人共享信息，则需要一个网络适配器。

在具备了 AutoCAD 2009 安装和运行的基本需求后，就可以开始进行安装工作了。AutoCAD 2009 提供了一个安装向导，用户可以方便地根据该向导的操作提示逐步进行安装。

5.1.3 安装 AutoCAD 2009

AutoCAD 安装向导在同一位置包含与安装相关的所有资料。从安装向导中，可以访问用户文档，更改安装程序语言，选择特定语言的产品，安装补充工具以及添加联机支持服务。

5.1.3.1 使用独立的计算机上的默认值安装

这是在系统上安装 AutoCAD 的最快捷的方式。仅使用默认值，用以表示该安装是典型安装，安装到 "C:\Program Files \ AutoCAD"。

（1）将 AutoCAD 磁盘插入到计算机的驱动器中。

（2）在 AutoCAD 安装向导中，为安装说明选择语言或接受默认语言。单击【安装产品】。

（3）选择产品并为要安装的产品选择语言，单击【下一步】。要为单个产品选择语言，首先必须单击【为各个产品选择语言】复选框，如图 5.1 所示。然后从下拉列表中选择语言。在某些情况下，选择要安装的产品可能没有其他可用的语言。

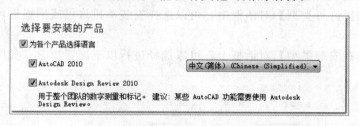

图 5.1 产品选择语言对话框

注意：默认情况下，安装 AutoCAD 时不安装 Autodesk Design Review 2009。如果需要查看 DWF 或 DWFx 文件，则建议安装 Design Review。

（4）查看适用于用户所在国家/地区的 Autodesk 软件许可协议。用户必须接受协议才能继续安装。选择所在国家或地区，单击【我接受】，然后单击【下一步】。

（5）在【产品和用户信息】对话框上，输入序列号、产品密钥和用户信息。从对话框底部的链接中查看"隐私保护政策"，如图 5.2 所示。查看完后，单击【下一步】。

注意：在此处输入的信息是永久性的，显示在计算机上的"帮助"菜单中。由于以后无法更改此信息（除非卸载产品），因此请确保输入的信息正确无误。

（6）如果不需要在"查看—配置—安装"对话框中对配置进行任何更改，请单击【安装】。然后单击【是】，以

图 5.2 【产品和用户信息】对话框

使用默认配置继续安装。

向导将执行以下操作：

1）使用典型安装，将安装最常用的应用程序功能。

2）包含 Express Tools 库。该库提供了其他效率工具。

3）将 AutoCAD 安装到默认安装路径 "C:\Program Files \ AutoCAD"。

（7）单击【安装】。

（8）在【安装完成】对话框上，可以选择以下各项：

1）查看安装日志文件。如果要查看安装日志文件，将显示该文件的位置。

2）查看 AutoCAD 自述。如果单击【完成】，将从此对话框中打开自述文件。此文件包含准备发布 AutoCAD 文档时尚未具备的信息。如果不需要查看自述文件，请清除"自述"旁边的复选框。

5.1.3.2　使用配置好的值在独立的计算机上安装

通过此安装方式，用户可以使用"配置"选项准确调整要安装的功能。可以更改安装类型、安装路径和许可类型。还可以安装材质库和教程文件。

（1）操作步骤同 5.1.3.1 节（1）～（5）。

（2）在"查看—配置—安装"对话框上，单击【配置】以更改配置（例如安装类型、安装可选工具或更改安装路径）。

（3）在【选择许可类型】对话框中，可以选择安装单机许可或网络许可，单击【下一步】。

（4）在【选择安装类型】对话框上，可以选择进行以下配置更改，如图 5.3 所示。

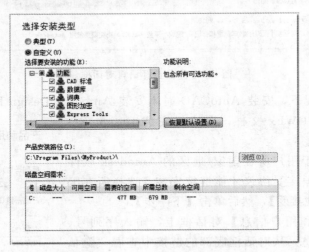

图 5.3　【选择安装类型】对话框

1）典型。安装最常用的应用程序功能。

2）自定义。仅安装从【选择要安装的功能】列表中选择的应用程序功能，【选择要安装的功能】列表见表 5.1。

3）产品安装路径。指定要将 AutoCAD 安装到的驱动器和位置。

4）创建桌面快捷方式。选择是否在桌面上显示 AutoCAD 快捷方式图标。默认情况下，产品图标将在桌面上显示。如果不希望显示快捷方式图标，请清除复选框。

表 5.1　　　　　　　　　　　　　**【选择要安装的功能】列表**

项　　目	功　能　简　介
CAD 标准	包含用于查看设计文件与标准的兼容性的工具
数据库	包含数据库访问工具
词典	包含多语言词典
图形加密	允许用户通过【安全选项】对话框使用密码保护图形
Express Tools	包含 AutoCAD 支持工具和实用程序（Autodesk 不提供支持）
字体	字体包含 AutoCAD 字体和 TrueType 字体
Autodesk Impression 工具栏	可以使用【Impression】工具栏将任意视图快速输出到 Autodesk Impression 中，以获得高级线条效果
材质库	材质库包含 300 多种专业打造的材质，均可应用于模型
新功能专题研习	包含动画演示、练习和样例文件，以帮助用户了解新功能
许可证转移实用程序	使用户可以在计算机之间传输 Autodesk 产品许可
移植自定义设置	将早期版本产品中的自定义设置和文件移植到此版本的产品中
初始设置	允许用户基于单位系统、行业和常用工具设置 AutoCAD 的初始配置（联机内容、工作空间）
参照管理器	使用户可以查看和编辑与图形关联的外部参照文件的路径
样例	包含各种功能的样例文件
教程	包含教程
VBA 支持包	包含 Microsoft Visual Basic for Applications 支持文件

（5）在"包括 Service Pack"页面上，如果有适用于产品的 Service Pack，则可以选择包括它们。

（6）单击【其他产品】选项卡以配置其他产品，或单击【下一步】，然后单击【配置完成】以返回"查看—配置—安装"页面，然后单击【安装】。

（7）在【安装完成】对话框上，可以选择以下各项：

1）查看安装日志文件。如果要查看安装日志文件，将显示该文件的位置。

2）查看 AutoCAD 自述。如果单击【完成】，将从此对话框中打开自述文件。此文件包含准备发布 AutoCAD 文档时尚未具备的信息。如果不需要查看自述文件，请清除"自述"旁边的复选框。

（8）单击【完成】。

在成功安装了 AutoCAD 以后，可以注册产品然后开始使用此程序。要注册产品，请启动 AutoCAD 并按照屏幕上的说明进行操作。

5.1.4　AutoCAD 2009 用户界面

5.1.4.1　启动与退出

要启动 AutoCAD 2009，可以双击桌面上的 AutoCAD 2009 图标，也可以单击【开始】/【所有程序】/【Autodesk】/【AutoCAD 2009－Simplified Chinese】/【AutoCAD 2009】菜单项来启动 AutoCAD 2009。还可以通过其他方式来启动 AutoCAD 2009，如双击＊.dwg 格式的文件或单击快速启动栏中的 AutoCAD 2009 缩略图标等。

要退出 AutoCAD 2009，最简单的方法是单击图形界面右上角的【关闭】按钮，或者从【文件】下拉菜单中选择【退出】，或者双击菜单控制按钮，或者同时按下"Alt＋F4"。

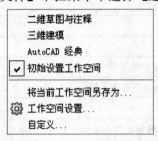

图 5.4　工作空间模式

5.1.4.2　AutoCAD 2009 的工作界面

中文版 AutoCAD 2009 提供了"二维草图与注释"、"三维建模"和"AutoCAD 2009 经典"三种工作空间模式。以上各种模式都包含菜单浏览器、快速访问工具栏、标题栏、绘图窗口、文本窗口、状态栏和选项板等元素。

要在三种工作空间模式中进行切换，只需单击状态栏中【切换工作空间】按钮，在弹出的菜单中选择相应的命令即可，如图 5.4 所示。

对于习惯 AutoCAD 传统界面的用户来说，需要将工作空间切换到"AutoCAD 经典模式"，单击操作界面右下角【切换工作空间】按钮，在弹出的菜单中选择【AutoCAD 经典】命令。系统显示如图 5.5 所示的操作界面。

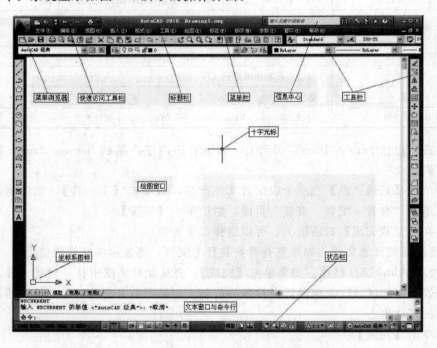

图 5.5　经典工作空间的界面组成

1. 标题栏

标题栏位于窗口的顶部，用于显示当前正在运行的程序名"AutoCAD 2009"和用户正在使用的图形文件。在第一次启动 AutoCAD 2009 时，将显示 AutoCAD 2009 启动时创建并打开的图形文件名称"Drawing.dwg"，如图 5.5 所示。

2. 菜单浏览器、菜单栏与快捷菜单

（1）AutoCAD 2009 用户界面包含一个菜单浏览器，位于界面的左上角，如图 5.6 所示。菜单浏览器可以方便地访问不同的项目，包括命令和文档。

（2）菜单栏紧贴标题栏下方。同其他 Windows 程序一样，AutoCAD 的菜单也是下拉形式的，并在菜单中包含子菜单。AutoCAD 的菜单栏包括【文件】、【编辑】、【视图】、【插入】、【格式】、【工具】、【绘图】、【标注】、【修改】、【参数】、【窗口】、【帮助】12 个菜单，几乎包括了 AutoCAD 中全部的功能和命令。用户可用两种方法选择：鼠标左键单击菜单栏，打开下拉菜单条，移动鼠标选取命令；菜单栏中还定义有热键，例如：同时按下"Alt＋F"可以打"文件"菜单，再同时按下"Ctrl＋O"能够打开已有的图形文件。菜单命令后有省略号表示选择菜单命令时将打开一个对话框；菜单命令后有三角符表示选择菜单命令能够打开下级菜单。

（3）快捷菜单又称为上下文相关菜单。在绘图窗口、工具栏、状态栏、模型与布局选项卡以及一些对话框上右击时，将弹出一个快捷菜单。该菜单中的命令与 AutoCAD 当前状态相关。使用它们可以在不启动菜单栏的情况下快速、高效地完成某些操作。

3. 工具栏

在 AutoCAD 中，调用常用命令最容易、最快捷的方法是使用"工具栏"。它包含许多由图标表示的命令按钮，把光标移动到某个按钮上，稍停片刻即在按钮的一侧显示相应的功能提示，同时在状态栏中，显示对应的说明和命令名，此时单击按钮就可以激活相应的命令了。

在 AutoCAD 中，系统共提供了 46 个已命名的工具栏。默认情况下，"标准"、"图层"、"特性"、"样式"、"绘图""修改"和"绘图次序"等工具栏处于打开状态。如果要显示当前隐藏的工具栏，可在任意工具栏上右击，在弹出的快捷菜单中，通过选择命令可以显示或关闭相应的工具栏。

默认状态下，工具栏是"固定"在绘图区边界的。也可以使用鼠标左键选中并拖动"固定工具栏"，使之成为"浮动工具栏"，如图 5.6 所示。

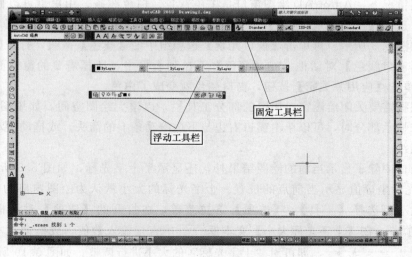

图 5.6　固定工具栏与浮动工具栏

4. 快速访问工具栏和信息中心

快速访问工具栏位于窗口左上角,包括【新建】、【打开】、【保存】、【放弃】、【重做】和【打印】六个常用的工具按钮。用户也可以单击"快速访问工具栏"最后面的小三角 ■ 选择设置需要的常用工具。

信息中心包括【搜索】、【应用中心】、【通讯中心】、【收藏夹】和【帮助】五个常用数据交互访问工具按钮。

5. 功能区

在创建或打开文件时,会自动显示"功能区"。它代替了 AutoCAD 众多的工具栏,以面板的形式,将各工具按钮分门别类地集合在选项卡内,如图 5.7 所示。

图 5.7 功能区

默认设置下,"功能区"提供了【常用】、【块和参照】、【注释】、【工具】、【视图】和【输出】的六个选项卡,每个选项卡中,又划分为多个功能区面板,如图 5.7 所示的【常用】选项卡中,包括了【绘图】、【修改】、【图层】、【注释】、【块】、【特性】及【实用程序】七个面板。

用户调用命令时,只需展开相应选项卡,在所需的功能面板上单击工具按钮即可。例如,在【常用】选项卡中的【注释】功能区面板上单击多行文字按钮 **A**,即可激活【多行文字】命令。

要开/关功能区可在命令行输入"RIBBON"/"RIBBONCLOSE"命令或选择【工具】/【选项板】/【功能区】下拉菜单。

6. 绘图窗口

在 AutoCAD 中,绘图窗口是用户绘图的工作区域,所有的绘图结果都反映在这个窗口中。默认情况下,AutoCAD 绘图窗口是黑色背景、白色线条。用户也可以修改绘图窗口的颜色,选择【工具】/【选项】下拉菜单,系统打开【选项】对话框,单击【显示】选项卡,如图 5.8 所示。再单击【窗口元素】选项组中的【颜色】按钮,打开如图 5.9 所示的【图形窗口颜色】对话框。在【颜色】下拉列表框中,选择需要的窗口颜色(如白色),然后单击【应用并关闭】按钮,窗口颜色就变成了白色。

可以根据需要关闭绘图窗口周围的部分工具栏,以增大绘图空间。如果图纸比较大,需要查看未显示部分时,可以单击窗口右边与下边滚动条上的箭头,或拖动滚动条上的滑块来移动图纸。

绘图窗口中除了显示当前的绘图结果外,还显示了十字光标,如图 5.5 所示。Auto-CAD 通过光标坐标值显示当前点的位置。十字光标的大小默认为绘图窗口的 5%。用户要修改其大小可选择【工具】/【选项】下拉菜单,在打开的【选项】对话框中,单击【显示】选项卡,在【十字光标大小】文本框 5 中直接输入数值,或拖动文本框后面的滑块 ─▯──────── ,即可对"十字光标"的大小进行调整,如图 5.10 所示。

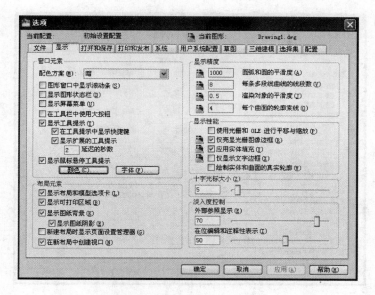

图 5.8　【选项】对话框

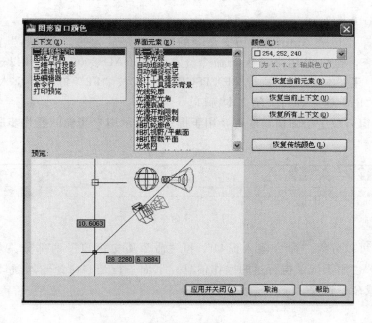

图 5.9　【图形窗口颜色】对话框

　　绘图窗口左下角的坐标系图标 ，表示了用户当前使用的坐标样式。其作用是为点的坐标确定一个参照系。用户可将其关闭，选择【视图】/【显示】/【UCS 图标】/按钮 开(0)即可。

　　绘图窗口的下方有【模型】和【布局】选项卡，单击其标签可以在"模型空间"或"图纸空间"之间来回切换。

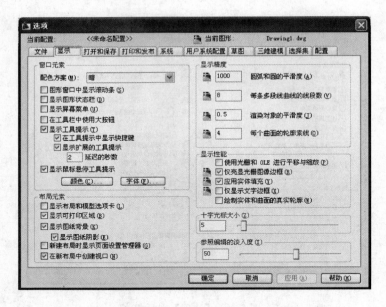

图 5.10　在【显示】对话框中调节"十字光标大小"

7. 文本窗口与命令行

"文本窗口"是记录 AutoCAD 历史命令的窗口,是放大的"命令行"窗口,它记录了已执行的命令,也可以用来输入新命令。在 AutoCAD 2009 中,可以选择菜单【视图】/【显示】/【文本窗口】、执行 TEXTSCR 命令或按"F2"键来打开 AutoCAD 文本窗口,再次按"F2"键,即可关闭文本窗口。

"命令行"窗口位于绘图窗口底部,用于提示和显示用户当前的操作步骤,如图 5.11所示。

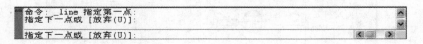

图 5.11　命令行

"命令行"可以分为"命令输入窗口"和"命令历史窗口"两部分。上面两行即为"命令历史窗口",用于记录执行过的操作信息;下面一行是"命令输入窗口",用于提示用户输入命令或命令选项。

8. 状态栏

状态栏在操作界面的最底部,用来显示 AutoCAD 当前的状态,如图 5.12 所示。它由坐标读数器(位于左端,显示当前光标的坐标)、辅助功能区(位于中间,依次显示【捕捉模式】等功能开关按钮,单击可切换其开关状态)、状态栏菜单(位于右端,为状态托盘,包含常见的显示工具和注释工具按钮)。

图 5.12　状态栏

5.2　AutoCAD 2009 的文件管理

在使用 AutoCAD 绘图之前，应先掌握 AutoCAD 文件的各种管理方法，如新建、保存、打开、关闭等。

5.2.1　创建新的 AutoCAD 文件

在快速访问工具栏中单击【新建】按钮或单击【菜单浏览器】按钮，弹出的菜单中选择【文件】/【新建】命令或同时按下"Ctrl＋N"，可以创建新图形文件，此时将打开【选择样板】对话框，如图 5.13 所示。

在该对话框中可以选择一种样板作为模型来创建新的图形，在日常的设计中最常用的是"acad"样板和"acadiso"样板。选择好样板后，单击【打开】按钮，系统将打开一个基于样板的新文件。第一个新建的图形文件命名为 Drawing1.dwg。如果再创建一个图形文件，默认名称为 Drawing2.dwg，依次类推。

图 5.13　【选择样板】对话框

若用户要根据系统默认设置来创建新图形文件，可单击【打开】按钮右侧的"▼"按钮，在弹出的菜单中选择【无样板打开—英制】或【无样板打开—公制】选项即可。

若在运行新建命令之前设置系统变量"FILEDIA＝1"、"STARTUP＝0"，【选项】对话框中选择默认的图形样板文件，如图 5.14 所示，则在调用新建命令后，系统立即从所选的图形样板中创建新图形，而不显示任何对话框或提示。

5.2.2　保存 AutoCAD 文件

与使用其他 Microsoft Windows 应用程序一样，在绘图工作中应随时注意保存图形，以免因死机、停电等意外事故造成图形丢失。在 AutoCAD 中，可以使用多种方式将所绘图形以文件形式存入磁盘。

在第一次保存创建的图形时，系统将打开【图形另存为】对话框，如图 5.15 所示。默认情况下，文件以"AutoCAD 2009 图形（*.dwg）"格式保存，也可以在【文件类型】下拉列表框中选择其他格式。

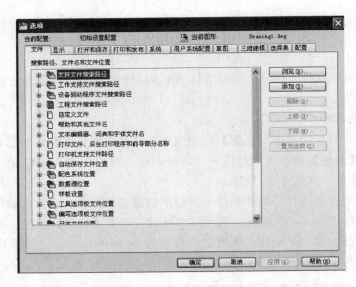

图 5.14　【选项】对话框

图 5.15　【图形另存为】对话框

5.2.3　打开 AutoCAD 文件

用户在操作过程中往往不能一次性完成所要设计或绘制图纸的任务，很多时候要在下次打开 AutoCAD 时继续上一次的操作，所以这涉及对图形文件的打开。

1. 打开原有图形文件

在快速访问工具栏中单击【打开】按钮或单击【菜单浏览器】按钮，在弹出的菜单中选择【文件】/【打开】命令或"Ctrl＋O"，可以打开已有的图形文件。在弹出的【选择文件】对话框中选中相应文件，单击【打开】，如图 5.16 所示。

2. 使用局部打开

如果使用大图形，可以只打开图形文件中的一部分。如果绘制一个非常复杂的图形，

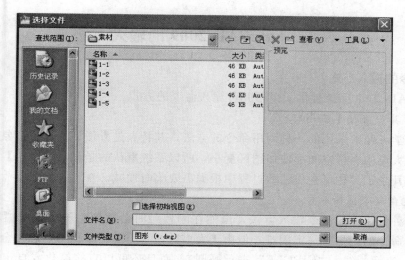

图 5.16 【选择文件】对话框

那么，该特性将显示出其特殊的优越性，可以提高 AutoCAD 的运行性能。在打开一个已存在的文件时，如果单击【打开】按钮旁的箭头将显示一个下拉菜单，选择【局部打开】选项，则显示【局部打开】对话框，可以打开和加载局部图形。

选择【局部打开】，用户可在【要加载几何图形的图层】列表框中选择需要打开的图层，AutoCAD 将只显示所选图层上的实体。局部打开使用户有选择地打开自己所需的内容，以加快文件装载速度。特别在大型工程项目中，通常使用局部打开功能，局部打开功能只能使用户一次打开一个图形文件。

3. 处理多个图形

处理多个图形时，可用"Ctrl＋F6"或"Ctrl＋Tab"切换。

4. 打开不同文件

在【选择文件】对话框中的【文件类型】下拉列表框中用户可选择". dwg"（默认图形文件）、". dwt"（样板文件）、". dxf"（图形交换文件，是用文本形式存储的图形文件，能够被其他程序所读取）、"dws"（标准文件，包含标准图层、标准样式、线型和文字样式的样板文件）。

5.2.4 关闭 AutoCAD 文件

单击【菜单浏览器】按钮，在弹出的菜单中选择【文件】/【关闭】命令，或在绘图窗口中单击【关闭】按钮，可以关闭当前图形文件。

执行"CLOSE"命令后，如果当前图形没有保存，系统将弹出 AutoCAD 警告对话框，如图 5.17 所示。询问是否保存文件。此时，单击【是（Y）】按钮或直接按"Enter"键，可以保存当前图形文件并将其关闭；单击【否（N）】按钮，可以关闭当前图形文件但不保存；单击【取消】按钮，取消关闭当前图形文件操作，即不保存也不关闭。

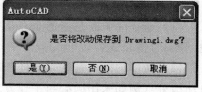

图 5.17 "警告"对话框

5.3　AutoCAD 2009 的输入方法

5.3.1　命令的输入方式

AutoCAD 2009 系统提供了以下几种输入命令的方式。

1. 从工具栏直接单击图标

这是初学者经常采用的一种调用命令的方法，其特点是方便、快捷、形象，但太多的图标会占用大量的屏幕空间而使作图区变小，所以系统默认的是显示【常用】选项卡下的各种面板，其余工具栏可在作图的过程中根据需要临时增减。

2. 从键盘命令区输入命令

这是一种最快捷的命令输入方法，虽然在刚接触时会感到它不如工具栏图标那样直观，同时对命令的记忆有一定困难，但由于大多数命令与英语单词的意思完全相同（比如用"LINE"表示画线，"CIRCLE"表示画圆），而且还可以直接简化或自定义简化命令（比如用"L"表示画直线，"C"表示画圆）可从键盘命令区输入命令不需要经常调整工具图标等优点，所以对熟练的操作者来说不失为一种最好的操作方式。在使用键盘命令时应注意以下几点：

（1）只有当"命令："提示符后为空时，才能输入新的命令。

（2）命令输入完毕，必须按"Enter"键予以确认。

3. 从菜单浏览器中选择

通过菜单浏览器可以选择所需的各种命令，但由于许多命令要通过二级菜单甚至三级菜单才能找到，对操作速度影响很大，所以这种方法常作为前两种输入法的补充。

5.3.2　重复、中断和结束、放弃与重做、透明命令

1. 重复命令

在 AutoCAD 中，经常需要重复执行同一个命令，这时就需要采用方便的方法进行操作以提高效率。如果要重复刚使用过的命令，可以采取以下几种方法：

（1）按"Enter"键。

（2）在绘图区域的空白处右击，从弹出的快捷菜单中选择【重复】命令。

（3）在命令行提示下右击，通过快捷菜单重复前一个命令。

（4）在绘图窗口右击，从弹出的快捷菜单中选择【近期使用的命令】，可以选择最近使用的六个命令。

（5）在命令行提示输入命令时，按"↑"键，依次浏览以前使用过的命令，找到需要的命令时，按"Enter"键即可执行。

2. 中断和结束命令

（1）命令的中断是指命令在执行过程中发现错误而强行结束命令的操作，它可以通过按"Esc"键完成。

（2）命令的结束是指完成任务后正常地结束命令，大多数的命令都可以在完成绘图后自动结束（例如采用圆心与半径方式画圆，如果找到圆心和半径上的一点，就可以唯一确定一个圆，命令也自动结束），但个别命令必须通过按"Enter"键或右击来结束命令（比

如说连续地画直线时，由于计算机并不知道命令如何终止，必须通过按"Enter"键或右击来结束命令的继续执行）。

3. 放弃与重做命令

（1）放弃。逐步取消已经完成的一些错误操作。由于命令的执行是逐步取代的，所以当想返回到以前的某一操作步骤时，这一步骤以后的所有操作都将被同时取消。

实现"放弃"命令的操作方法有以下三种。

1）工具栏：单击【快速访问工具栏】中的按钮 。

2）菜单浏览器：【编辑】/【放弃】。

3）功能键：按"Ctrl＋Z"。

（2）重做。取消"放弃"操作。这一命令必须是在"放弃"命令执行后即刻执行。

实现"重做"命令的操作方法有以下四种。

1）工具栏：单击【快速访问工具栏】中的按钮 。

2）菜单浏览器：【编辑】/【重做】。

3）功能键：按"Ctrl＋Y"。

4）命令行：REDO↙。

4. 透明命令

所谓透明命令即可以在使用另一个命令时，执行这些命令，当透明命令完成后，原命令继续常规执行。透明命令经常用于更改图形设置或显示选项，例如"栅格"（"GRID"）或"平移"（"PAN"）命令。

要以透明的方式使用命令，需单击其工具栏按钮或在输入命令之前输入"'"。例如，在绘制直线时，需要打开栅格的显示，就可以单击状态栏上的【栅格】按钮，然后继续绘制直线；在绘制直线时，需要移动图形，就可以单击状态栏上的【实时平移】按钮 或在命令行输入"PAN"后按"Enter"键，平移后继续绘制直线。

思　考　题

（1）熟练掌握各种工具栏的打开、关闭及位置的调整等操作。

（2）AutoCAD 2009 系统提供了几种输入命令的方式？

（3）建立新文件，设置小数点位数为 1，完成后以"YB1"为文件名存储为样板文件；然后以"YB1"为样板文件建立新文件，观察作图环境有何变化。

第6章 AutoCAD 2009 的辅助手段

【学习要求】

(1) 了解绘图区域和绘图单位的设置。

(2) 掌握图层的设置与管理、线型比例的设置。

(3) 掌握对象捕捉功能的设置和管理、图形的移动和重生成。

(4) 理解图形的缩放。

6.1 设置绘图界限

6.1.1 设置绘图区域

绘图界限是在绘图空间中的一个假想的矩形绘图区域,显示为可见栅格指示的区域。

一般来说,如果用户不作任何设置,AutoCAD 系统对作图范围没有限制。用户可以将绘图区看做是一幅无穷大的图纸,但所绘图形的大小是有限的。为了更好地绘图,需要设定作图的有效区域。

6.1.1.1 命令激活方式

(1) 菜单浏览器:【格式】/【图形界限】。

(2) 命令行:LIMITS ↙。

6.1.1.2 操作步骤

执行上述操作后,命令行提示如下:

> 重新设置模型空间界限
> 指定左下角点或 [开 (ON) 关/ (OFF)]〈0.00000,0.0000〉 　　(输入左下角点坐标)↙
> 指定右上角点〈420.0000,297.0000〉: 　　　　　　　　　　(输入右上角点坐标)↙

执行结果:设置了一个以左下角点和右上角点为对角点的矩形绘图界限。默认时设置的是 A3 图幅的绘图界限。

若选择"开 (ON)",则只能在设定的绘图界限内绘图;若选择"关 (OFF)",则绘图没有界限限制。默认状态下,为"关 (OFF)"状态。

6.1.2 设置绘图单位

绘图单位的设置主要包括设置长度和角度的类型、精度以及角度的起始方向。

6.1.2.1 命令激活方式

(1) 菜单浏览器:【格式】/【单位】。

(2) 命令行:UNITS (或 UN) ↙。

6.1.2.2 操作步骤

执行上述操作后,屏幕弹出如图 6.1 所示的【图形单位】对话框,在该对话框中可以对图形单位进行设置。在对话框中可以设置以下项目。

（1）【长度】选项区。可以设置图形的长度单位类型和精度。在【类型】下拉列表框中提供了"小数"、"分数"、"工程"、"建筑"和"科学"五个长度单位类型选项。其中"工程"和"建筑"是英制单位，常用的长度单位类型为"小数"。在【精度】下拉列表框中可以设置长度单位的显示精度，即小数点的位数，最大可以精确到小数点后八位数，默认为小数点后四位数。

（2）【角度】选项区。可以设置角度的格式和精度。在【类型】下拉列表框中提供了"十进制数"、"百分度"、"弧度"、"勘测单位"和"度/分/秒等"五种格式。在【精度】下拉列表框中可以设置当前角度的显示精度。【顺时针】复选框可以设置角度的正方向。选中【顺时针】复选框则以顺时针方向为正方向，不选中此复选框则以逆时针方向为正方向。默认情况下，不选中此复选框。

（3）【插入时的缩放单位】选项区。可以设置插入到当前图形中的块和图形的测量单位，常用单位为毫米。

（4）【输出样例】选项区。显示了当前长度单位和角度单位的样例。

（5）【光源】选项区。可以设置当前图形中光度，控制光源强度的测量单位，下拉列表中提供了"国际"、"美国"和"常规"三种测量单位。

（6）【方向】按钮。单击【方向】按钮，弹出如图 6.2 所示的【方向控制】对话框，设置基准角度（0°角）的方向。

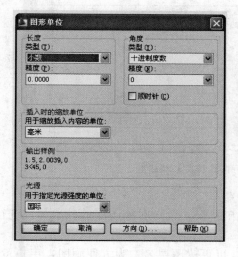

图 6.1 【图形单位】对话框

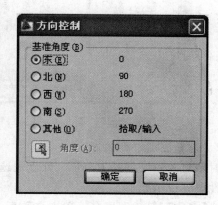

图 6.2 【方向控制】对话框

6.2 图层的设置与管理

绘制工程图需要有多种线型，为了画图的方便，还希望有多种颜色来区别各种线型和功能，并希望能够分项管理。本章所介绍的"LAYER"（图层）命令具有这些功能。

图层就相当于没有厚度的透明纸片，可将实体画在上面。一个图层只能画一种线型和赋予一种颜色，所以要画多种线型就要设多个图层。这些图层就像几张重叠在一起的透明纸，构成一张完整的图样。用计算机绘图时，需要几层，只需启用图层命令，给出需要新建的图层名，然后设置每图层所赋予的线型和颜色。画哪一种线，就把哪一图层设为当前图层。如当虚线图层为当前图层时，用"LINE"（直线）命令及各绘图命令所画的线型均是虚线。另外，各图层都可以设定线宽，还可根据需要进行开关、冻结解冻或锁定解锁，为绘图提供方便。

6.2.1　图层的创建与设置

6.2.1.1　图层特性管理器创建新图层

1. 命令激活方式

（1）菜单浏览器：【格式】/【图层】。

（2）工具栏单击：【图层】按钮 组。

（3）命令行：LAYER↙或 DDLMODES↙。

2. 操作步骤

输入命令后，AutoCAD 将弹出【图层特性管理器】对话框，此时对话框中只有默认的"0"图层，单击【新建图层】按钮 ，列表中出现名为"图层 1"的新图层，如图 6.3 所示，AutoCAD 为"图层 1"分配有默认的"颜色"、"线型"和"线宽"。

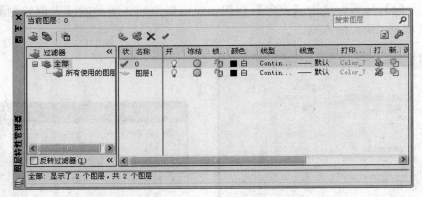

图 6.3　【图层特性管理器】对话框

6.2.1.2　对新图层进行设置

此时新建的图层颜色为白色，处于被选中状态，可以对该图层的各项属性进行设置。各项属性设置说明如下：

（1）【名称】显示图层名。单击名称后，可更改图层名。为方便画图，用户可将"图层 1"改为"粗实线层"或"虚线层"等。

（2）【颜色】显示图层的颜色。单击颜色名将弹出【选择颜色】对话框，可在其中为图层选择新的颜色。

（3）【线型】显示图层的线型。默认情况下，新建图层的线型均为实线（Continuous）。需要改变线型时，用鼠标单击线型将弹出如图 6.4 所示的【选择线型】对话框，单击【加载】按钮，将出现另外一个【加载或重载线型】对话框，出现系统中的各种线型，如图 6.5 所示，选择需要的线型后单击【确定】按钮即可。

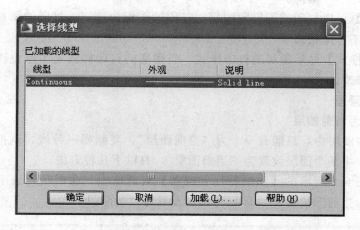

图 6.4 【选择线型】对话框

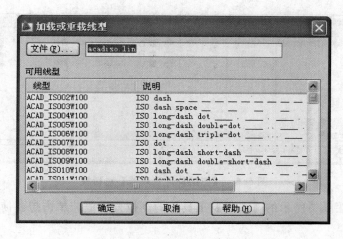

图 6.5 【加载或重载线型】对话框

（4）【线宽】显示图层线条的宽度。默认情况下线宽为 0.25mm。单击线宽将弹出【线宽】对话框，可在其中为图层选择新的线宽。需要注意的是，只有单击状态栏上的【显示/隐藏线宽】按钮╋将线宽开启，新设置的线宽才能显示。

（5）【打开】可以打开或关闭图层。图标为一盏小灯泡 💡，灯泡的亮和灭分别表示图层的打开和关闭。单击图标可切换开/关状态，当图层被关闭时，该图层上的对象不可见也不能被编辑和打印，但该图层仍参与处理过程的运算。

（6）【冻结】可以冻结或解冻图层。解冻状态的图标为"太阳" ○，冻结状态的图标为"雪花" ❄，单击图标可切换解冻/冻结状态。当图层被冻结时，该图层上的对象不可见也不能被编辑和打印，重新生成图形等操作在该图层也不生效，图层也不参与处理过程的运算。当前图层不能被冻结。

（7）【锁定】可以锁定或解锁图层。图标为"一把锁"，解锁状态为 🔓，锁定状态为 🔒，单击图标可切换解锁/锁定状态，当图层被锁定时，该图层上的对象既能在显示器上显示，也能打印，但不能被选择和编辑修改。

（8）【打印】可以打印或不打印图层。打印的图标为🖨，不打印的图标为🚫，单击图标可切换打印/不打印状态。

（9）【打印样式】显示图层的打印样式。当图层的打印样式是由颜色决定时，图层的打印样式不能修改。

6.2.2　图层的管理

6.2.2.1　设置为当前图层

创建的许多图层中，只能有一个为"当前图层"，要画哪一种线，就把哪一图层设为"当前图层"。要将某个图层设置为"当前图层"，有以下几种方法：

（1）在如图 6.6 所示的【图层特性管理器】对话框中，在图层列表中选中某一图层后，单击"置为当前"按钮✔，即可将该层设置为"当前图层"。

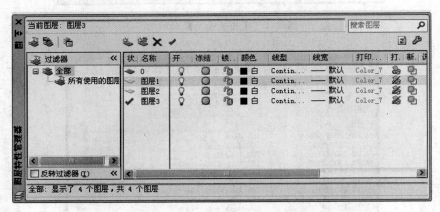

图 6.6　【图层特性管理器】对话框

（2）通过如图 6.7 所示的【图层】工具栏的下拉列表框，单击想要使之成为当前图层的图层名称即可。

图 6.7　【图层】工具栏

（3）如果要把某个对象所在的图层设置为当前图层，可单击如图 6.7 所示的【图层】工具栏的"将对象的图层置为当前"按钮🖼，选择一个已绘制的图线，该图线所对应的图层即成为当前图层。

（4）通过如图 6.7 所示的【图层】工具栏的"上一个图层"按钮🖼，可恢复上一个图层为"当前图层"。

如图 6.7 所示的【图层】工具栏中，"图层 1"被设为"当前图层"。如图 6.8 所示为【特性】工具栏，如果在【特性】工具栏中将"颜色控制"、"线型控制"、"线宽控制"都设置成 ByLayer（随层），那么所绘制的图形的颜色、线型、线宽都符合该"图层 1"的特性。

图 6.8　【特性】工具栏

6.2.2.2 删除图层

要删除不使用的图层，可先从【图层特性管理器】对话框中选择不使用的图层，然后单击如图 6.6 所示的【图层特性管理器】对话框中得 ✖ 按钮，单击【确定】按钮，即可删除所选图层。

6.2.2.3 改变对象所在图层

在实际绘图时，如果绘制完某一图形元素后，发现该元素并没有绘制在预期的图层上，可先选中该元素，并在如图 6.7 所示的【图层】工具栏的下拉菜列表框中选中元素所应在的图层，即可改变对象所在的图层。

6.2.3 线型比例的设置

在绘图时所使用的非连续线型（如点划线、虚线等）的长短、间隔不符合国家标准推荐的间距时，需改变其长短、间隔，这就需要重新设置线型比例。

6.2.3.1 命令激活方式

（1）菜单浏览器：【格式】/【线型】。

（2）命令行：LINETYPE✓。

6.2.3.2 操作步骤

输入命令后，将弹出如图 6.9 所示的【线型管理器】对话框，该对话框中显示了当前使用的线型和可供选择的其他线型。【隐藏细节】和【显示细节】为切换按钮，当选择【显示细节】时图中出现【详细信息】选项区。其右侧有两个文本框，【全局比例因子】和【当前对象缩放比例】。

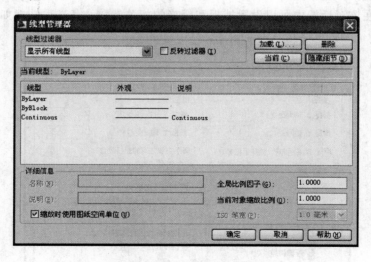

图 6.9 【线型管理器】对话框

（1）【全局比例因子】用于设置图形中所有线型的比例。当改变【全局比例因子】的数值时，非连续线型本身的长短、间隔会发生变化。数值越大，非连续线的线划越长，线划之间的间距也越大。

（2）【当前对象缩放比例】只影响此后绘制的图线比例，而已存在的图线没有影响。

6.3 精确绘图的方法

在绘图中，利用状态栏提供的绘图辅助工具可以帮助我们快速精确地绘图，极大地提高绘图效率。下面介绍如何通过状态栏辅助绘图。

6.3.1 捕捉和栅格

捕捉是指 AutoCAD 生成的隐含分布在屏幕上的栅格点，当鼠标移动时，这些栅格点就像有磁性一样能够捕捉光标，使光标精确落到栅格点上。可以利用栅格捕捉功能，使光标按指定的步距精确移动。

栅格是按照设置的间距显示在图形区域中的点，它能提供直观的距离和位置的参照，类似于坐标纸中的方格的作用，栅格只在图形界限以内显示。

栅格和捕捉这两个辅助绘图工具之间有着很多联系，尤其是两者间距的设置。有时为了方便绘图，可将栅格间距设置为与捕捉间距相同，或者使栅格间距为捕捉间距的倍数。

6.3.1.1 设置捕捉和栅格参数

1. 命令激活方式

（1）菜单浏览器：【工具】/【草图设置】。

（2）状态栏：右击【捕捉模式】按钮██ 或【栅格显示】按钮██/【设置】。

2. 操作步骤

激活命令后，弹出如图 6.10 所示的【草图设置】对话框，当前显示的是【捕捉和栅格】选项卡。在该对话框中可以设置捕捉和栅格的相关参数，各选项功能如下：

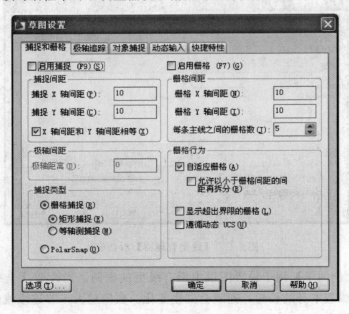

图 6.10 【草图设置】对话框

（1）【启用捕捉】复选框。打开或关闭捕捉方式。选中该复选框则可启动捕捉功能。

（2）【捕捉间距】选项区。可设置在 X、Y 方向的捕捉间距，间距值必须为正数。

（3）【启用栅格】复选框。打开或关闭栅格的显示。选中该复选框则可启用栅格。

（4）【栅格间距】选项区。可设置栅格间距。如果栅格的 X 轴和 Y 轴的间距值为 0，则栅格间距采用"捕捉间距"项中捕捉 X 轴和 Y 轴间距值。如果开启捕捉和栅格，可以看到光标仅在栅格的小点上"跳动"。

（5）【捕捉类型】选项区。包括"栅格捕捉"和"PolarSnap"两种。

1）【栅格捕捉】。用于设置栅格捕捉的类型。当选中【矩形捕捉】单选按钮时，可将捕捉样式设置为标准矩形捕捉模式，二维绘图常用这种模式；当选中【等轴测捕捉】单选按钮时，可将捕捉样式设置为等轴测捕捉模式，一般用于绘制等轴测图。根据选用的模式，可在【捕捉间距】和【栅格间距】选项区中设置相关参数。

2）【PolarSnap】。选中该单选按钮，可以设置捕捉样式为极轴捕捉，光标将沿极轴角或对象捕捉追踪角度进行捕捉。在【极轴间距】选项区中的【极轴距离】文本框中可设置极轴捕捉间距，如果该值为 0，则极轴捕捉距离采用"X 轴间距"的值。

（6）【栅格行为】选项区。设置栅格线的显示样式（三维线框除外）。

1）自适应"栅格"。缩小时，限制栅格密度；放大时，生成更多间距更小的栅格线。

2）【允许以小于栅格间距的间距再拆分】。确定是否允许以小于栅格间距的间距来拆分栅格。

3）【显示超出界限的栅格】。确定是否显示超出图形界限区域的栅格。

4）【遵循动态 UCS】。更改栅格平面以跟随动态 UCS 的 XY 平面。

6.3.1.2 打开或关闭捕捉和栅格

打开或关闭捕捉和栅格功能有以下几种方法。

（1）在程序窗口的状态栏中，单击【捕捉模式】按钮▦或【栅格显示】按钮▦。

（2）按"F9"快捷键来打开或关闭捕捉，按"F7"快捷键来打开或关闭栅格。

（3）在如图 6.10 所示的【草图设置】对话框中，在【捕捉和栅格】选项卡中选中或取消【启用捕捉】和【启用栅格】复选框。

6.3.2 正交模式

单击状态栏上的【正交】按钮▙或按"F8"快捷键，可控制"正交"模式的开启或关闭。"正交"模式打开时，使用光标绘制直线时只能绘制平行于 X 轴或平行于 Y 轴的直线，即只能绘制水平线或垂直线。

6.3.3 对象捕捉

对象捕捉功能可以准确地捕捉到一些特殊位置点（如端点、交点、圆心等），不但能提高绘图速度，也使得图形绘制非常精确。

6.3.3.1 开启临时对象捕捉

临时对象捕捉仅对本次捕捉有效。

（1）在任意一个工具栏处右击，在弹出的快捷菜单中选择【对象捕捉】命令，弹出如图 6.11 所示的【对象捕捉】工具栏。

将鼠标放在工具栏任意按钮的下方停留片刻，将显现出该按钮的捕捉名称。临时对象捕捉属于透明命令，可以在绘图或编辑命令执行过程中插入，在绘图过程中提示确定一点

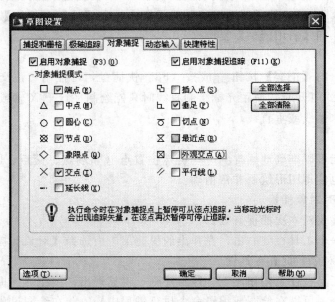

图 6.11　【对象捕捉】工具栏

时，选择对象捕捉的某一项（如端点、交点、圆心等），光标会捕捉定位到相关的点上。

图 6.12　【对象捕捉】
快捷菜单

（2）在执行绘图命令要求指定点时，可以按下"Shift"键或"Ctrl"键，右击打开【对象捕捉】快捷菜单，如图 6.12 所示，选择需要的捕捉点进行捕捉。

（3）在命令行提示输入点时，直接输入关键词如 MID（中点）、TAN（切点）等，按"Enter"键，临时打开捕捉模式。

被输入的临时捕捉命令将暂时覆盖其他的捕捉命令，在命令行中显示一个"于"标记。

6.3.3.2　自动对象捕捉

在绘图过程中，使用对象捕捉的频率非常高，若每次都用临时对象捕捉，将会影响绘图效率。为此，AutoCAD 又提供了一种自动对象捕捉模式。当开启自动对象捕捉后，设置的对象捕捉模式始终处于运行状态，直到关闭为止。

可以通过以下方式打开自动对象捕捉功能。

（1）单击状态栏上【对象捕捉】按钮 ▢ 打开或关闭对象捕捉。

（2）按"F3"键来打开或关闭对象捕捉。

（3）【菜单浏览器】/【工具】/【草图设置】。在【草图设置】对话框的【对象捕捉】选项卡中，选中【启用对象捕捉】复选框，然后在【对象捕捉模式】选项区中选中相应复选框，如图 6.13 所示。

图 6.13　【对象捕捉】选项卡

6.3.4 极轴追踪和对象捕捉追踪

6.3.4.1 极轴追踪

极轴追踪是按事先给定的角度增量来追踪特征点。

单击状态栏上的【极轴】按钮 或按 "F10" 键可打开极轴追踪功能，也可在【草图设置】对话框的【极轴追踪】选项卡中打开极轴追踪并对其进行设置。

在状态栏中右击【极轴】按钮 ，选择【设置】命令，弹出【草图设置】对话框中的【极轴追踪】选项卡，如图 6.14 所示，可以启用极轴追踪并设置极轴增量角。

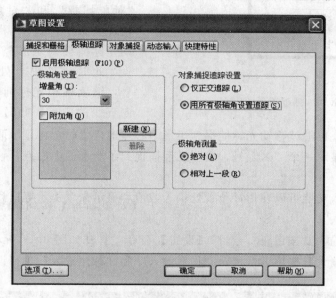

图 6.14　【极轴追踪】选项卡

【极轴追踪】选项卡各选项含义如下：

（1）【增量角】。设置极轴角度增量的模数，在绘图过程中所追踪到的极轴角度将为此模数的倍数。图中极轴增量角设置为 30°，AutoCAD 在执行命令过程中，遇到 30° 的倍数时，就会出现极轴追踪的显示，如图 6.15 所示。

（2）【附加角】。在设置角度增量后，仍有一些角度不等于增量值的倍数。对于这些特定的角度值，用户可以单击【新建】按钮，添加新的角度，使追踪的极轴角度更加全面（最多只能添加 10 个附加角度）。

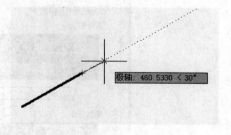

图 6.15　极轴追踪的显示

（3）【绝对】。极轴角度绝对测量模式。选择此模式后，系统将以当前坐标系下的 X 轴为起始轴计算出所追踪到的角度。

（4）【相对上一段】。极轴角度相对测量模式。选择此模式后，系统将以上一个创建的对象为起始轴计算出所追踪到的相对于此对象的角度。

（5）【仅正交追踪】。光标将被限制沿水平或垂直方向移动。

6.3.4.2　对象捕捉追踪

对象捕捉追踪是指从对象的捕捉点进行追踪。对象捕捉追踪的使用与对象捕捉的设置相关联，如果在对象捕捉设置中，设置了捕捉端点、中点等，当开启了对象捕捉及对象捕捉追踪后，系统绘图时会在遇到这些点时自动出现虚线显示的追踪线。

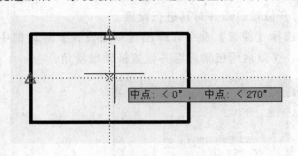

图 6.16　捕捉矩形的中心

如图 6.16 所示为利用对象捕捉追踪功能捕捉矩形中心点。首先要启动"中点"捕捉方式，打开状态栏上的"对象捕捉"和"对象捕捉追踪"按钮，当命令行提示需要指定点时，移动光标捕捉到矩形竖直方向直线的中点，此时该处中点处显示一个"△"号，继续移动光标捕捉到矩形水平方向直线的中点，此时该处中点处也显示一个"△"号，再继续移动光标捕捉到矩形中心点地位置时，将显示两条追在线及其交点，此时交点处显示一个"×"号，表明已经捕捉到了矩形的中心点。

6.3.5　动态输入

使用动态输入功能可以在指针位置处输入数值和显示命令提示等信息，而不仅仅依靠命令行提示和输入。

右击【动态输入】按钮 ，选择【设置】命令，打开如图 6.17 所示的【草图设置】对话框的【动态输入】选项卡，可对"指针输入"和"标注输入"进行设置。

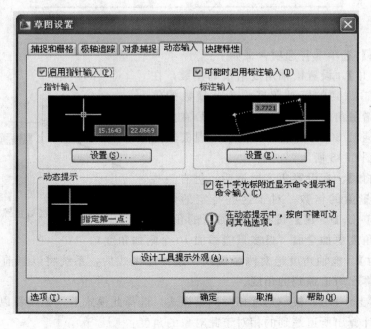

图 6.17　【动态输入】选项卡

6.3.5.1 指针输入

启用指针输入后，当命令提示输入点时，可以在光标旁边的提示栏中直接输入坐标值，而不用再命令行中输入坐标。

在如图 6.17 所示的【动态输入】选项卡中选中【启用指针输入】复选框，启用指针输入功能。单击指针输入下方的【设置】按钮，可在【指针输入设置】对话框设置指针的格式和可见性。

选中如图 6.17 所示【动态提示】选项区中的【在十字光标附近显示命令提示和命令输入】复选框，可以在光标附近显示命令提示。

6.3.5.2 标注输入

启用标注输入后，当命令提示输入第二个点或距离时，将在光标旁边以标注尺寸的形式显示距离上一点的距离值与角度值，可以在提示中直接输入需要的值，而不用在命令行中输入。

在如图 6.17 所示的【动态输入】选项卡中选中【可能时启用标注输入】复选框可以启用标注输入功能。在该区域单击【设置】按钮，可在【标注输入】的【设置】对话框中设置标注的可见性。

如果同时打开指针输入和标注输入，则标注输入在可用时将取代指针输入。

6.4 图 形 显 示 控 制

6.4.1 缩放图形

改变图形的屏幕显示大小，但不改变图形的实际尺寸。

6.4.1.1 命令激活方式

（1）命令行：ZOOM（或 Z）↙。

（2）菜单浏览器：【视图】/【缩放】，可在其下方出现的"实时"、"上一步"等命令中选择。

（3）工具栏：【标准工具栏】/ 🔍🔍🔍，其中 🔍 为"弹出式工具栏"，单击其可弹出多个选项。

6.4.1.2 各选项的含义

（1）实时缩放 🔍。激活命令后，光标将变成一个放大镜形状，按住鼠标左键向上移动将放大视图，向下移动将缩小视图。视图缩放完成后按"Esc"键、"Enter"键、空格键或右击退出。

（2）上一步 🔍。激活命令后，将恢复上一次缩放的视图大小，最多可以恢复此前的10 个视图。

（3）窗口缩放 🔍。激活命令后，框选需要显示的图形，框选图形将充满整个窗口。

（4）动态缩放 🔍。

用一个矩形框动态改变所选区域的大小和位置，其步骤如下：

1）激活命令后，图形窗口出现以"×"为中心的平移视图框。

2）将平移视图框移动到所需位置，然后单击，框中的"×"消失，同时出现指向右边的箭头，视图框变为缩放视图框。

3）左右移动光标调整视图框大小，上下移动光标调整视图框的位置。调整完毕后，如果按"Enter"键确认，可使当前图框的图形充满视口；如果单击可继续调整图框的位置和大小。

（5）比例缩放。激活命令后，在命令行"输入比例因子（nX 或 nXP）："提示后输入比例值，即按照指定的比例因子进行缩放。

1）nX。在输入的比例值后面加上 X，根据当前视图的比例进行缩放。

2）nXP。在输入的比例值后面加上 XP，根据图纸空间单位的比例进行缩放。

（6）中心缩放。重设图形的显示中心并缩放由中心点和放大比例（或高度）所定义的窗口。激活命令后，命令行提示：

指定中心点：	（指定新的显示中心点）↙
输入比例或高度〈50〉：	（输入新视图的缩放倍数或高度）↙

1）比例。在输入的比值后再输入一个 X，例如 0.5X。

2）高度。直接输入高度值，高度值较小时增加放大比例，高度值较大时减小放大比例。"〈〉"内为默认高度值，直接按"Enter"键，则以默认高度缩放。

（7）缩放对象。尽可能大地显示一个或多个选择对象并使其位于绘图区域的中心。

（8）放大。使图形相对于当前图形放大一倍。

（9）缩小。使图形相对于当前图形缩小一半。

（10）全部缩放。缩放显示整个图形。如果图形对象未超出图形界限，则以图形界限显示；如果超出图形界限，则以当前范围显示。

（11）范围缩放。缩放显示所有图形对象，使图形充满屏幕，与图形界限无关。

6.4.2　移动图形

移动整个图形以便于更好地观察，但不改变图形对象的实际位置。

6.4.2.1　命令激活方式

（1）命令行：PAN（或 P）↙。

（2）工具栏：【标准】/【实时平移】/。

（3）菜单浏览器：【视图】/【平移】。

6.4.2.2　操作步骤

激活命令后，光标变成手状，按住鼠标左键拖动，可使图形按光标移动的方向移动。按"Enter"键、"Esc"键、空格键或右击退出。

6.4.3　重画与全部重画

可以删除进行某些剪辑操作时留在绘图区域中的加号形状的标记（称为点标记）使屏幕更新。

6.4.3.1　重画

（1）命令激活方式。

命令行：REDWAW 或 R↙。

（2）操作步骤。激活命令后即可刷新当前视口中的显示。

6.4.3.2　全部重画

（1）命令激活方式。

命令行：REDWAWALL。

菜单浏览器：【视图】/【重画】。

（2）操作步骤。激活命令后即可刷新显示所有视口。

6.4.4　重生成与全部生成

在当前视口中重生成整个图形并重新计算所有对象的屏幕坐标，删除进行某些编辑操作时留在显示区域中的杂散元素。并重新创建图形数据索引，从而优化显示性能和对象选择性能。

6.4.4.1　重生成

（1）命令激活方式。

命令行：REGEN↙或RE↙。

菜单浏览器：【视图】/【重生成】。

（2）操作步骤。激活命令后即在当前视口重生成整个图形。

6.4.4.2　全部重生成

（1）命令激活方式。

命令行：REGENALL↙。

菜单浏览器：【视图】/【全部重生成】。

（2）操作步骤。激活命令后即可重生成图形并刷新所有视口。

思　考　题

（1）要把虚线（或点划线）的间隔变大，该如何处理？写出其操作过程。

（2）如何才能准确地捕捉到对象的特殊位置点（如端点、交点、圆心等）？写出其操作过程。

（3）用 ZOOM 命令来缩放直径为 1m 的圆，比例因子为 0.5X，缩放后的圆直径为多少？为什么？

（4）A 点的坐标为（0，0），用 PAN 命令把 A 往左边移动时，A 点的坐标会如何变化，为什么？

（5）当曲线显示为折线时，可用什么命令使其变回光滑的曲线？

第7章 AutoCAD 2009 常用的绘图命令

【学习要求】

（1）掌握 AutoCAD 常用的绘图命令。

（2）能够快速、高效地绘制各种图形。

7.1 点 的 绘 制

可以通过"单点"、"多点"、"定数分点"和"定距分点"四种方法创建点对象。

7.1.1 设置点的样式

7.1.1.1 命令激活方式

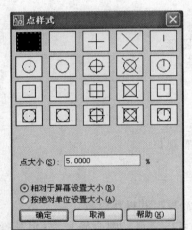

图 7.1 【点样式】对话框

（1）菜单浏览器：【格式】/【点样式】。

（2）命令行：DDPTYPE↙。

7.1.1.2 操作步骤

执行上述操作后，屏幕弹出如图 7.1 所示的【点样式】对话框。从中可以对点样式和点大小进行设置。默认情况下，是小圆点样式。

7.1.2 绘制单点

执行一个命令只能绘制一个点。

7.1.2.1 命令激活方式

（1）菜单浏览器：【绘图】/【点】/【单点】。

（2）命令行：POINT↙或 PO↙。

7.1.2.2 操作步骤

激活命令后，命令行提示：

当前点模式：PDMODE＝0 PDSIZE＝5.0000

指定点：30，50↙　　　　　　　　　　　　　　　　（也可以通过鼠标指定）

执行结果：在坐标值（30，50）处绘制了一个点，此时命令行将回到 Command 命令状态。

在绘制点时，命令提示行的 PDMODE 和 PDSIZE 两个系统变量显示了当前状态下点的样式和大小。

7.1.3 绘制多点

执行一个命令可以连续绘制多个点。

7.1.3.1 命令激活方式

（1）菜单浏览器：【绘图】/【点】/【多点】。

（2）工具栏：【绘图】/【点】/ ▪ 。

7.1.3.2　操作步骤

操作与绘制单点相同，但绘制了一个点后命令行状态保持不变，可以继续绘制多个点，直到按"Esc"键结束命令。

7.1.4　绘制定数等分点

在指定的对象上按照指定数目绘制等分点或者在等分点处插入块。

7.1.4.1　命令激活方式

（1）菜单浏览器：【绘图】/【点】/【定数等分】。

（2）命令行：DIVID↙或 DIV↙。

7.1.4.2　操作步骤

激活命令后，命令行提示：

选择要定数等分的对象：	（如一条多段线）
输入线段数目或［块（B）］：	（可以输入从 2～32767 的值或输入选项）5↙

执行结果：将所选多段线分为五等份。

7.1.5　绘制定距等分点

在指定的对象上按照指定数目绘制等分点或者在等分点处插入块。

7.1.5.1　命令激活方式

（1）菜单浏览器：【绘图】/【点】/【定距等分】。

（2）命令行：MEASURE↙或 ME↙。

7.1.5.2　操作步骤

激活命令后，命令行提示：

选择要定距等分的对象：	（如一条多段线）
指定线段长度或［块（B）］：	（输入线段长度值）↙

执行结果：将所选多段线等分。

7.2　线　的　绘　制

7.2.1　绘制直线

根据指定的端点绘制一系列直线段。

7.2.1.1　命令激活方式

（1）菜单浏览器：【绘图】/【直线】。

（2）命令行：LINE↙。

（3）工具栏：【绘图】/ ╱ 。

7.2.1.2 操作步骤

执行 LINE 命令指定第一点：	（确定直线段的起始点）
指定下一点或［放弃（U）］：	（输入坐标值指定下一点回车或单击确定）
指定下一点或［闭合（C）/放弃（U）］：	（输入坐标值或单击指定下一点或输入选项）

执行结果：绘制出连接相邻点的一系列直线段。

7.2.2　绘制射线

绘制沿单方向无限长的直线。射线一般用作辅助线。

7.2.2.1　命令激活方式

（1）菜单浏览器：【绘图】/【射线】。

（2）命令行：RAY↙。

7.2.2.2　操作步骤

激活命令后，指定射线的起点和通过点即可绘制一条射线。在指定射线的起点后，可指定多个通过点，绘制以起点为端点的多条射线，直到按"Esc"键或"Enter"键退出为止。

7.2.3　绘制构造线

绘制经过两个点的无线延伸的直线，主要用作辅助线。

7.2.3.1　命令激活方式

（1）菜单浏览器：【绘图】/【构造线】。

（2）命令行：XLINE↙。

（3）工具栏：【绘图】/ ✏ 。

7.2.3.2　操作步骤

激活命令后，命令行提示：

指定点或［水平（H）/垂直（V）/角度（A）/二等分（B）/偏移（O）］：

7.2.4　绘制多段线

多段线是由多段直线或圆弧组成的图形对象，它们首尾相接，每段线的宽度和线形可以不同。多段线是一个图形元素。

7.2.4.1　命令激活方式

（1）菜单浏览器：【绘图】/【多段线】。

（2）命令行：PLINE↙或 PL↙。

（3）工具栏：【绘图】/ ➜ 。

7.2.4.2　操作步骤

激活命令后，命令行提示：

指定起点：　　　　　　　　　　　　　　　　　　　　　　（输入一个点）↙
当前线宽为 0.0000
指定下一个点或［圆弧（A）/半宽（H）/长度（L）/放弃（U）/宽度（W）］：

（1）各选项的功能。

1）【下一点】：绘制一条直线段。

2）【圆弧（A）】：绘制一段圆弧线。

3）【半宽（H）】：指定多段线线段的半宽度。

4）【长度（L）】：以前一线段相同的角度并按指定长度绘制直线段。

5）【放弃（U）】：删除最近一次添加到多段线上的直线段。

6)【宽度（W）】：指定下一线段的宽度。

（2）多段线与线的区别。

1）多段线有粗细，直线无粗细。

2）多段线是一个整体图形，而每条线都是一个单体。

3）多段线可以创建直线段、弧线段或两者的组合线段。直线不能绘制弧线。

7.2.5 绘制多线

多条平行线称为多线，平行线之间的距离与数目可以调整。

7.2.5.1 命令激活方式

（1）菜单浏览器：【绘图】/【多线】。

（2）命令行：MLINE↙或ML↙。

7.2.5.2 操作步骤

当前设置：对正＝上，比例＝20.00，样式＝STANDARD

指定起点或 ［对正（J）/比例（S）/样式（ST）］：

各选项的功能如下：

（1）【对正（J）】：决定在指定点之间绘制多线。

（2）【比例（S）】：控制多线的全局宽度。

（3）【样式（ST）】：指定多线的样式。

7.2.6 绘制样条曲线

样条曲线是经过或接近一系列给定点的光滑曲线，多用于绘制不规则图形，如山峰、池塘等。

7.2.6.1 命令激活方式

（1）菜单浏览器：【绘图】/【样条曲线】。

（2）命令行：SPLINE↙或SPL↙。

（3）工具栏：【绘图】/〜。

7.2.6.2 操作步骤

指定第一点或［对象（O）］：   （指定一个点）↙

指定下一点：   （指定一点）↙

指定下一点或［闭合（C）/拟合公差（F）/］〈起点切向〉：

各选项的功能如下。

（1）【第一个点】：要求输入第一个点的坐标。

（2）【对象（O）】：把二维或三维的二次或三次样条拟合多段线转换成等价的样条曲线并删除多段线。

（3）【指定下一点】：可以连续输入所需离散点的坐标。连续地输入点将增加附加样条曲线线段，直到按"Enter"键结束。输入"UNDO"以删除上一个指定点，如图7.2（a）所示。

（4）【起点切向】：在完成点的指定后按"Enter"键，系统将提示确定样条曲线在起始点处的切向线方向，并同时在起点与当前光标之间给出一条橡皮筋线，表示样条曲线的起始点处的切向方向。

（5）【闭合（C）】：系统把最后一点定义为与第一点一致，可以使样条曲线闭合并且使它在连接处相切，如图 7.2（b）所示。

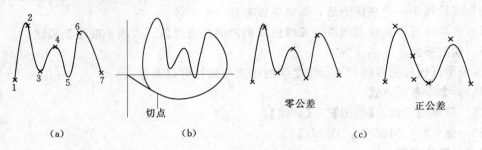

图 7.2　样条曲线的绘制

（6）【拟合公差（F）】：拟合公差是指样条曲线与输入点之间容许偏移距离的最大值。修改当前样条曲线的拟合公差，以使其按照新的公差拟合现有的点。可以重复修改拟合公差，但这样做会修改所有控制点的公差，不管选定的是哪个控制点。如果公差设置为 0，样条曲线将穿过拟合点；如果输入的公差大于 0，将容许样条曲线在指定的公差范围内从拟合点附近通过，如图 7.2（c）所示。

7.3　矩形、多边形的绘制

7.3.1　绘制矩形

可绘制带有倒角、圆角、厚度及宽度等多种矩形，如图 7.3 所示。

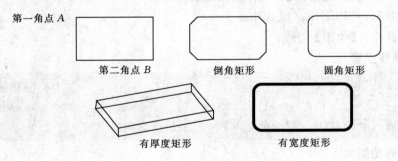

图 7.3　绘制各种矩形

7.3.1.1　命令激活方式

（1）菜单浏览器：【绘图】/【矩形】。

（2）命令行：RECTANGLE↙或 REC↙。

（3）工具栏：【绘图】/▭。

7.3.1.2　操作步骤

激活命令后，命令行提示：

指定第一个角点或［倒角（C）/标高（E）/圆角（F）/厚度（T）/宽度（W）］：

（输入第一角点）↙

指定另一个角点或［面积（A）/尺寸（D）/旋转（R）］：

各选项的功能如下：

（1）【倒角（C）】：绘制一个带倒角的矩形，此时需要指定矩形的两个倒角。

（2）【标高（E）】：指定矩形所在的平面高度。默认情况下，矩形在 XY 平面内，该选项一般用于三维绘图。

（3）【圆角（F）】：绘制一个带圆角的矩形，此时需要指定矩形的圆角半径。

（4）【厚度（T）】：按已设定的厚度绘制矩形，该选项一般用于三维绘图。

（5）【宽度（W）】：指定矩形的线宽，按设定的线宽绘制矩形。

（6）【面积（A）】：指定矩形的面积和长度（或宽度）绘制矩形。

（7）【尺寸（D）】：通过指定矩形的长度、宽度和矩形另一角点的方向绘制矩形。

（8）【旋转（R）】：通过指定旋转的角度和拾取两个参考点绘制矩形。

7.3.2 绘制多边形

在已知内接圆半径、外切圆半径或边长的情况下绘制正多边形。

7.3.2.1 命令激活方式

（1）菜单浏览器：【绘图】/【正多边形】。

（2）命令行：POLYGON↙或 POL↙。

（3）工具栏：【绘图】/ ⬠ 。

7.3.2.2 操作步骤

激活命令后，命令行提示：

输入边的数目＜当前值＞：　　　　　　　　　　（输入一个 3～1024 之间的数值）↙

指定正多边形的中心点或［边（E）］：

在默认情况下，定义正多边形中心点后，可以使用正多边形的外接圆或内切圆来绘制多边形，此时均需要指定圆的半径。使用内接于圆要指定外接圆的半径，正多边形的所有顶点都在圆周上。使用外切于圆要指定正多边形中心点到各边中点的距离。如果在命令行的提示下【边（E）】选项，可以以指定的两个点作为正多边形一条边的两个端点来绘制多边形。

7.4 圆、圆弧、椭圆（弧）的绘制

7.4.1 绘制圆

在【绘图】菜单中提供了六种画圆方法，如图 7.4 所示。

7.4.1.1 命令激活方式

（1）菜单浏览器：【绘图】/【圆】。

（2）命令行：CIRCLE↙或 C↙。

（3）工具栏：【绘图】/ ◎ 。

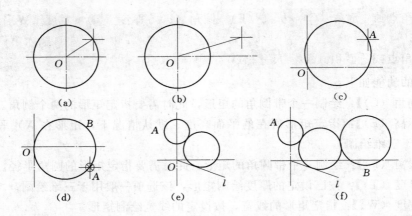

图 7.4　各种圆的画法

（a）指定圆心和半径；（b）指定圆心和直径；（c）指定两点；（d）指定三点；
（e）指定两个相切对象和半径；（f）指定三个相切对象

7.4.1.2　操作步骤

激活命令后，命令行提示：

> 指定圆的圆心或［三点（3P）/两点（2P）/相切、相切、半径（T）］：

各选项的功能如下：

（1）【圆的圆心】：指定圆心和直径（或半径）绘制圆。

（2）【三点（3P）】：指定圆周上的三点绘制圆。

（3）【两点（2P）】：指定圆直径上的两个端点绘制圆。

（4）【相切、相切、半径（T）】：指定两个与圆相切的对象和圆的半径绘制圆，相切对象可以是圆、圆弧或直线。

7.4.2　绘制圆弧

7.4.2.1　命令激活方式

（1）菜单浏览器：【绘图】/【圆弧】。

（2）命令行：ARC✓ 或 A✓。

（3）工具栏：【绘图】/ 。

7.4.2.2　操作步骤

激活命令后，命令行提示：

> 指定圆弧的起点或［圆心（C）］：　　　　　　　　　（指定圆弧的起点）✓
> 指定圆弧的第二点或［圆心（C）/端点（E）］：　　　（指定圆弧的第二点）✓
> 指定圆弧的端点：　　　　　　　　　　　　　　　　（指定圆弧的第三点）✓

系统默认的是指定三个点绘制圆弧，如图 7.5（a）所示。

若不指定圆弧的第一点，而通过指定圆弧的圆心绘制圆弧，则激活命令后，命令提示：

指定圆弧的起点或［圆心（C）］：	C↙
指定圆弧圆心：	（指定圆弧的圆心）↙
指定圆弧的起点：	（指定圆弧的起点）↙
指定圆弧的端点或［角度（A）/弦长（L）］：	

各选项的功能如下：

（1）【圆弧的端点】：使用圆心 2，从起点 1 向端点 3 逆时针绘制圆弧，如图 7.5（b）所示。其中的端点将落在圆心到结束点的一条假想辐射线上。

（2）【角度（A）】：使用圆心 2，从起点 1 按指定包含角逆时针绘制圆弧，如图 7.5（c）所示。如果弧度为负，将顺时针绘制圆弧。

（3）【弦长（L）】：指定一个角度值。如果弦长为正，AutoCAD 将使用圆心和弦长计算端点角度，并从起点起逆时针绘制一条劣弧，如图 7.5（d）所示。如果弦长为负，将逆时针绘制一条优弧。

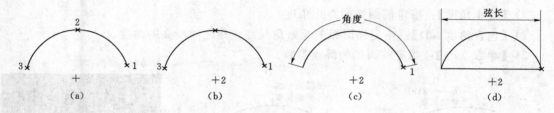

图 7.5 绘制圆弧

7.4.3 绘制椭圆和椭圆弧

7.4.3.1 命令激活方式

（1）菜单浏览器：【绘图】/【椭圆】。

（2）命令行：ELLIPSE↙ 或 EL↙。

（3）工具栏：【绘图】/ ⬭ 或 ⬗。

7.4.3.2 操作步骤

AutoCAD 提供了以椭圆（弧）轴的端点、中心点绘制椭圆（弧）的多种方法。

（1）通过指定椭圆的端点绘制椭圆，如图 7.6（a）所示。

激活命令后，命令行提示：

指定椭圆轴的端点或［圆弧（A）/中心点（C）］：	（指定椭圆轴的端点）↙
指定轴的另一个端点：	（指定椭圆轴的另一个端点）↙
指定另一个半轴长度或［旋转（R）］：	（↙）

各选项的功能如下：

1）【另一条半轴长度】：用来定义第二条轴的一半长度。

2）【旋转（R）】：通过绕第一条轴旋转定义椭圆的长轴短轴比例。

（2）通过指定椭圆的中心点绘制椭圆，如图 7.6（b）所示。

激活命令后，命令行提示：

指定椭圆轴的端点或［圆弧（A）/中心点（C）］：　　　　　　　　　　　　　（C✓）

指定椭圆的中心点：　　　　　　　　　　　　　　　　　（指定椭圆的中心点）✓

指定轴的端点：　　　　　　　　　　　　　　　　　　　（指定一个轴的端点）✓

指定另一个半轴长度或［旋转（R）］：　　　　　　　　　　　　　　　　　　（✓）

（3）绘制椭圆弧，如图 7.7 所示。

激活命令后，命令行提示：

指定椭圆轴的端点或［圆弧（A）/中心点（C）］：　　　　　　　　　　　　　A✓

指定椭圆的轴端点或［中心点（C）］：

各选项的功能以及操作步骤与绘制椭圆相同，只是增加了以下命令：

指定起始角度或［参数（P）］：　　　　　　　　　　　　　（输入一个角度值）✓

指定终止角度点或［参数（P）/包含角度（I）］：

各选项的功能如下：

1）【终止角度】：指定椭圆弧的终止角度。

2）【包含角度（I）】：指定椭圆弧的起始角与终止角之间所夹的角度。

3）【参数（P）】：指定椭圆弧的终止参数。

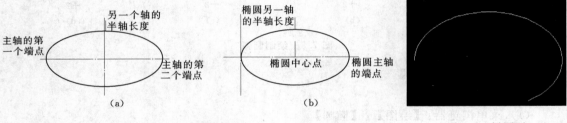

图 7.6　椭圆的画法　　　　　　　　　　　　　　　图 7.7　椭圆弧

7.5　图　案　填　充

图案填充是使用一种图案来填充某一区域。图案填充是在一个封闭的区域内进行的，围成填充区域的边界叫填充边界。

7.5.1　创建图案填充

7.5.1.1　命令激活方式

（1）菜单浏览器：【绘图】/【图案填充】。

（2）命令行：BHATCH✓或 BH✓。

（3）工具栏：【绘图】/■。

7.5.1.2　图案填充的设置

命令激活后，弹出【图案填充和渐变色】对话框，如图 7.8 所示。在【类型和图案】选项区内，单击【图案】右边的■按钮，弹出如图 7.9 所示的【填充图案选项板】对话框，在该对话框中选择机械图样常用的剖面线图案"ANSI31"，单击【确定】按钮，返回

【图案填充和渐变色】对话框,在【角度和比例】选项区内设置剖面线角度和比例值。

(1)【类型和图案】选项区各项功能如下:

1)【类型】。提供三种图案类型,预定义、用户定义、自定义。

2)【图案】。选择填充图案的样式。单击 … 按钮可弹出【填充图案选项板】对话框,如图7.9所示,其中有【ANSI】、【ISO】、【其他预定义】和【自定义】四个选项卡,可从其中选择任意一种预定义图案。

图7.8 【图案填充和渐变色】对话框

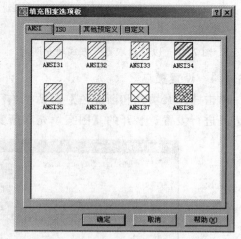

图7.9 【填充图案选项板】对话框

(2)【角度和比例】选项区各项功能如下:

1)【角度】。设置图案填充的倾斜角度,该角度值是填充图案相对于当前坐标系 X 轴的转角。

2)【比例】。设置填充图案的比例值,它表示的是填充图案之间的疏密程度。例如:图7.10(b)的比例大于图7.11(b)。

3)【双向】。使用用户定义图案时,选择该选项将绘制第二组直线,这些直线相对于初始直线成90°角,从而构成交叉填充。AutoCAD将信息存储在 HPDOUBLE 系统变量中。只有在【类型】选项中选择了【用户定义】时,该选项才可用。

4)【ISO 笔宽】。适用于 ISO 相关的笔宽绘制填充图案,该选项仅在预定义 ISO 模式中被选用。

5)【相对图纸空间】。相对于图纸空间单位缩放填充图案,该选项仅适用于布局。

7.5.1.3 添加边界

在图7.8所示的【图案填充和渐变色】对话框中,可以通过"拾取点"和"选择对象"两种方式添加边界。

(1)用"拾取点"添加边界。单击【边界】选项区中的【添加:拾取点】按钮,返回绘图区域,单击填充区域内任意一点,如图7.10(a)所示,回车。返回【图案填充和渐变色】对话框，单击【确定】按钮，返回绘图区，剖面线绘图如图 7.10（b）所示。用选点的方式定义填充边界，一般要求边界是封闭的。

　　（2）以"选择对象"添加边界。单击【边界】选项区中的【添加：选择对象】按钮，返回绘图区域，选择对象，如图 7.11（a）所示，回车。返回【图案填充和渐变色】对话框，单击【确定】按钮，返回绘图区，剖面线绘图如图 7.11（b）所示。要填充的对象不必构成闭合边界。

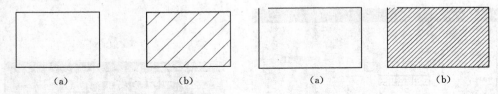

| （a） | （b） | （a） | （b） |

图 7.10　以"拾取点"方式填充图案　　　　图 7.11　以"选择对象"方式填充图案

7.5.1.4　设置孤岛

　　单击【图案填充和渐变色】对话框右下角的 ⊙ 按钮，将显示更多选项，可以对孤岛和边界进行设置，展开的【图案填充和渐变色】对话框如图 7.12 所示。

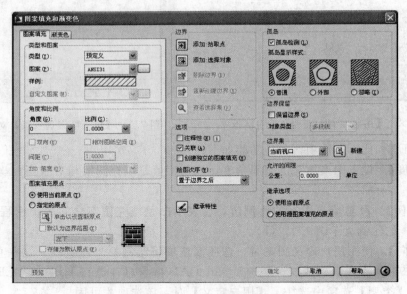

图 7.12　展开的【图案填充和渐变色】对话框

　　在进行图案填充时，通常将位于一个已定义好的填充区域内的封闭区域称为孤岛。在【孤岛】选项中，选中【孤岛检测】复选框，可以指定在最外层边界内填充对象的方法，包括"普通"、"外部"和"忽略"三种填充方式。

7.5.1.5　填充渐变色

　　【渐变色】选项卡的填充方式与【图案填充】相同，只是填充区域填充的图案是在一种颜色的不同灰度之间或两种颜色之间过渡。如图 7.13 所示为图案填充与渐变色的填充效果样例。

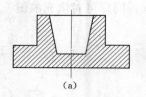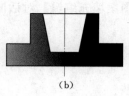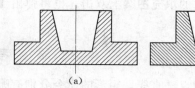

图 7.13　包含文本对象时的图案填充　　　　　图 7.14　编辑图案填充

(a) 图案填充；(b) 渐变色　　　　　　(a) 图案填充编辑前；(b) 图案填充编辑后

7.5.2　编辑图案填充

"编辑图案填充"命令可修改已填充图案的类型、图案、角度及比例等特性，编辑前后对比如图 7.14 所示。

7.5.2.1　命令激活方式

(1) 菜单浏览器：【修改】/【对象】/【图案填充】。

(2) 命令行：HATCHEDIT✓或 HE✓。

(3) 工具栏：【修改】/　　。

7.5.2.2　操作步骤

激活命令后，命令行提示：

选择填充图案对象：　　　　　　　　　　　　　　　（选择 7.14（a）所示的剖面线）

此时将弹出如图 7.15 所示的【图案填充编辑】对话框，修改该对话框中的参数设置，将【角度】改为 90，将【比例】改为 1.5，单击【确定】按钮，剖面图案改变，如图 7.14（b）所示。

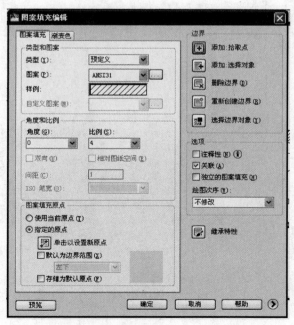

图 7.15　【图案填充编辑】对话框

在要修改的填充图案上双击，也将弹出【图案填充编辑】对话框，同样可对填充的图案进行修改。

思 考 题

（1）绘制点、直线、矩形的命令分别有哪些？

（2）绘制如图 7.16 所示的轴右端的波浪线。

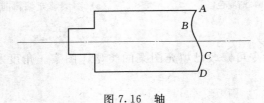

图 7.16　轴

第8章 AutoCAD 2009 常用的编辑命令

【学习要求】

（1）掌握删除、复制、镜像、移动、对齐、偏移、阵列、旋转、延伸、圆角、拉伸、打断、合并、分解等命令编辑对象的方法。

（2）学会综合运用多种图形编辑命令绘制图形的方法。

使用 AutoCAD 绘制图形时，单纯地使用绘图命令或绘图工具只能绘制一些基本的图形对象，为了绘制复杂图形，很多情况下都必须借助于图形编辑命令。此外，重复性的编辑操作占了极大的比例。因此，读者应熟练地掌握各种编辑命令，以便提高绘图速度。

8.1 选 择 对 象

8.1.1 单击选择对象

直接单击对象可选择单个对象，依次单击多个对象可选择多个对象，如图 8.1 所示。

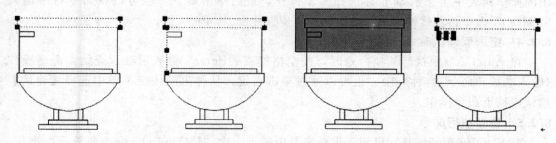

图 8.1　单击选择对象　　　　　　　　图 8.2　窗口选择对象

8.1.2 利用窗口方法选择对象

窗选是指先单击确定选择窗口左侧角点，然后向右侧移动光标，最后单击确定其右侧角点，即自左向右拖动选择窗口，此时所有完全包含在选择窗口中的对象均被选中，如图 8.2 所示。此方法可以同时选择多个对象。

8.1.3 利用窗交方法选择对象

窗交是指先确定选择窗口右侧角点，然后向左侧移动光标，单击确定其对角点，即自右向左拖动选择窗口，此时所有完全包含在选择窗口中，以及所有与选择窗口相交的对象均被选中，如图 8.3 所示。此方法可以同时选择多个对象。

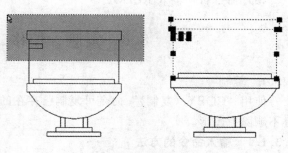

图 8.3　窗交选择对象

8.1.4　取消选择对象

用鼠标在窗口的空白处单击，即可取消对当前所选对象的选择；选择了多余的对象时，按"Shift"键，并单击相应的对象，即可取消该对象的选择。

8.2　删　除　与　恢　复

8.2.1　删除对象

选定对象后，按键盘上的"Delete"键、单击【修改】工具栏中的【删除】按钮，或者在命令行中输入"E"（"ERASE"命令的缩写）命令并按"Enter"键，都可以删除选定对象。

8.2.2　终止执行命令

在 AutoCAD 中，当执行某项命令时，可随时按"Esc"键取消命令操作。此外也可以单击鼠标右键，从弹出的快捷菜单中选择【取消】来取消命令操作。

8.2.3　撤销已执行的命令

单击【标准】工具栏中的【放弃】按钮、按"Ctrl＋Z"快捷键，或选择【编辑】/【放弃】菜单，均可撤销最近一步的操作。

如果希望一次撤销多步操作，可单击工具栏中【放弃】选项旁的三角按钮，然后在弹出的操作列表中上下移动光标选择多步操作，最后单击确认。也可以在命令行中输入"UNDO"命令，然后输入想要撤销的操作步骤并按"Enter"键。

8.2.4　结束或确认命令

在 AutoCAD 中执行某项命令时，按空格键或"Enter"键表示确认或结束命令操作（输入参数和命令选项除外）；也可以通过单击右键，从弹出的快捷菜单中选择【确认】，确认或结束命令操作。

8.2.5　重新执行命令

"REDO"（重新恢复）可用于重新恢复由最近一次"U/UNDO"命令所放弃的操作，但只有在"U/UNDO"命令结束后立即执行才有效。

输入命令的方法有：

（1）下拉菜单：单击【编辑】/【重做】。

（2）工具栏：单击【标准】工具栏中的 ⤴ 工具按钮。

（3）命令行：输入 REDO↙。

8.3　复制、偏移、镜像与阵列

8.3.1　复制

使用"COPY（复制）"命令可复制已存在的图形，并将复制后的图形置于新位置上，且不删除原图形。

8.3.1.1　输入命令的方法

（1）下拉菜单：单击【修改】/【复制】。

（2）工具栏：单击【常用】选项卡/【修改】面板/【复制】按钮 。

（3）命令行：输入 COPY✓、CO✓或 CP✓。

8.3.1.2 选项说明

（1）该命令默认"复制模式＝多个"，可通过连续指定位移的"第二点"来创建该对象的其他副本，直到按"Enter"键结束。

（2）对命令行显示的提示信息："指定基点或［位移（D）/模式（O）］＜位移＞:"中默认的"位移"选项，可通过直接指定位移的基点和位移矢量（相对于基点的方向和大小）来指定创建图形的新位置。

8.3.2 偏移

使用"OFFSET（偏移）"命令可以创建一个与选定对象类似的新对象，并可将其放置在原对象的内侧或外侧。

8.3.2.1 输入命令的方法

（1）下拉菜单：单击【修改】/【偏移】。

（2）工具栏：单击【常用】选项卡/【修改】面板/【偏移】按钮 。

8.3.2.2 操作结果及注意要点

下面以实例来说明一些基本图形偏移复制前后的效果，如图 8.4 所示。

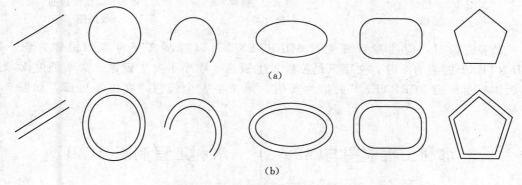

图 8.4 偏移复制前后的各种图形
(a) 偏移前；(b) 偏移后

使用"OFFSET"命令偏移复制对象时，应注意以下几点：

（1）只能偏移直线、圆和圆弧、椭圆和椭圆弧、多边形、二维多段线、构造线和射线、样条曲线，不能偏移点、图块和文本。

（2）对于直线、射线、构造线等对象，将平行偏移复制，直线的长度保持不变。

（3）对于圆和圆弧、椭圆和椭圆弧等对象，偏移时将同心复制。

（4）多段线的偏移将逐段进行，各段长度将重新调整。

8.3.3 镜像

使用"MIRROR（镜像）"命令可以围绕用两点定义的镜像轴来镜像和镜像复制图形，从而创建对称图形，原目标对象可保留也可删除。

8.3.3.1 输入命令的方法

（1）下拉菜单：单击【修改】/【镜像】。

（2）工具栏：单击【常用】选项卡/【修改】面板/【镜像】按钮。

8.3.3.2　操作结果及注意要点

将如图 8.5 所示的图形按照如图 8.6 所示的尺寸参数要求进行镜像，结果如图 8.7 所示。

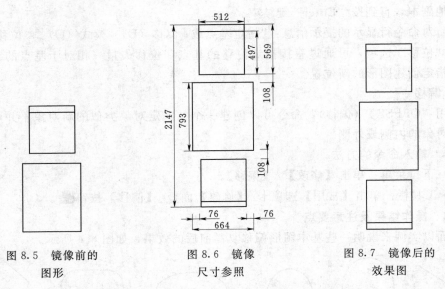

图 8.5　镜像前的图形

512
497
569
108
2147
793
108
76
76
664

图 8.6　镜像尺寸参照

图 8.7　镜像后的效果图

文字镜像时，应注意系统变量 MIRRTEXT 可以控制文字对象的镜像方向。当 MIRRTEXT 的值为 0 时，文字只是位置发生镜像，顺序不发生镜像，文本仍可读，如图 8.8 所示；当 MIRRTEXT 的值为 1 时，则文字完全镜像，变得不可读，如图 8.9 所示。

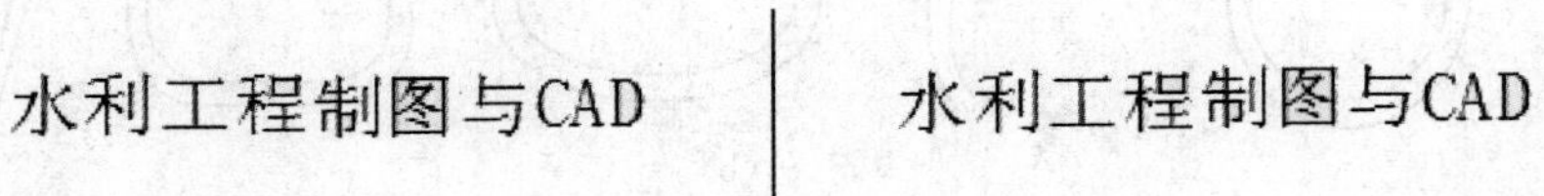

水利工程制图与CAD
水利工程制图与CAD

图 8.8　MIRRTEXT=0 镜像后的效果图

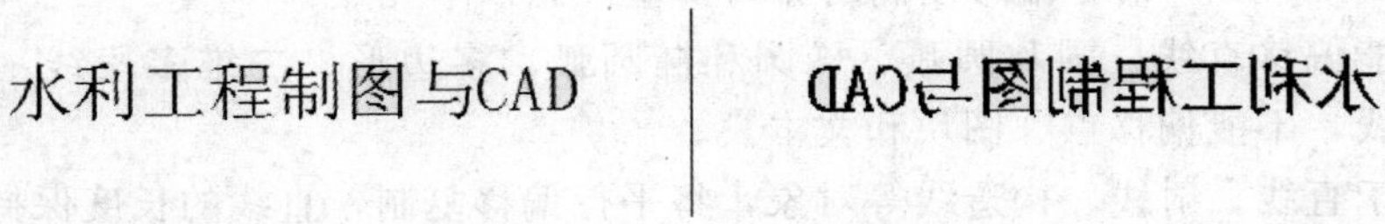

水利工程制图与CAD

图 8.9　MIRRTEXT=1 镜像后的效果图

8.3.4　阵列

使用“ARRAY（阵列）”命令可以按照矩形或环形阵列方式多重复制图形，且阵列复制的每个对象都可单独进行编辑。

8.3.4.1　输入命令的方法

（1）下拉菜单：单击【修改】/【阵列】。

（2）工具栏：单击【常用】选项卡/【修改】面板/【阵列】按钮▦。

（3）命令行：输入 ARRAY↙ 或 AR↙。

8.3.4.2 创建矩形阵列

创建矩形阵列时可控制生成副本对象的行数和列数，行间距和列间距，以及阵列的旋转角度。绘制如图 8.10 所示的住宅楼立面图。

（1）打开"矩形阵列.dwg"文件，如图 8.11 所示。

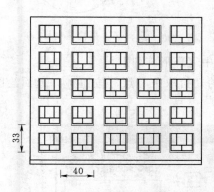

图 8.10　住宅楼立面图　　　　　　图 8.11　绘制立面图

（2）单击【修改】工具栏中的【阵列】工具，打开如图 8.12 所示的【阵列】对话框。

（3）在【行】文本框中输入"5"，在【列】文本框中输入"5"。在【行偏移】文本框中输入"33"，在【列偏移】文本框中输入"40"，如图 8.13 所示。

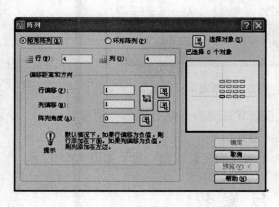
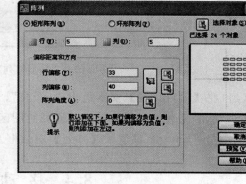

图 8.12　【阵列】对话框　　　　　　图 8.13　【阵列】对话框参数设置

（4）单击【选择对象】按钮，选择窗户，按"Enter"键返回【阵列】对话框，单击【确定】按钮，效果如图 8.10 所示。

8.3.4.3 创建环形阵列

创建环形阵列时，可以控制生成的副本对象的数目，以及决定是否旋转对象。绘制如图 8.14 所示的桌椅环形阵列图。

（1）打开如图 8.15 所示的"环行阵列.dwg"文件。

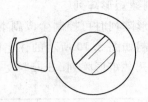

图 8.14　桌椅环形阵列图　　　　　　　　图 8.15　桌椅素材图

（2）打开【阵列】对话框，在对话框中选中【环形阵列】。

（3）单击如图 8.16 所示"中心点"右侧的"拾取中心点"按钮，返回绘图区，拾取桌子的圆心。

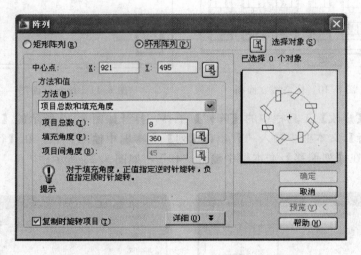

图 8.16　"环形阵列"中心点拾取对话框

（4）在【项目总数】文本框中输入"8"，设置环形阵列复制对象的个数为 8。

（5）单击【选择对象】按钮，返回绘图区，选择椅子。

（6）按"Enter"键返回【阵列】对话框。单击【确定】按钮，效果如图 8.14 所示。

8.4　移　动　与　旋　转

8.4.1　移动

在 AutoCAD 中，使用"MOVE（移动）"命令可以移动二维或三维对象。在移动时，对象的位置发生改变，但方向和大小不变。

8.4.1.1　命令激活方式

（1）下拉菜单：单击【修改】/【移动】。

（2）工具栏：单击【常用】选项卡/【修改】面板/【移动】按钮。

（3）命令行：输入 MOVE↙或 M↙。

8.4.1.2 移动对象的方法

移动对象的方法主要有基点法和相对位移法两种。基点法是指使用由基点及第二点指定的距离和方向移动对象。相对位移法是指通过设置移动的相对位移量来移动对象。

8.4.2 旋转

使用"ROTATE（旋转）"命令可以将对象绕基点旋转指定的角度。

8.4.2.1 命令激活方式

（1）下拉菜单：单击【修改】/【旋转】。

（2）工具栏：单击【常用】选项卡/【修改】面板/【旋转】按钮○。

（3）命令行：输入 ROTATE↙或 RO↙。

8.4.2.2 移动对象的方法

使用旋转命令时要注意以下三点。

（1）旋转对象时，需指定旋转基点和旋转角度。其中，旋转角度是基于当前用户坐标系的。输入正值，表示按逆时针方向旋转对象；输入负值，表示按顺时针方向旋转对象。

（2）如果在命令行提示下选择【参照（R）】选项，则可以指定某一方向作为起始参照角。

（3）如果在命令行提示下选择【复制（C）】，则可以旋转并复制对象。

8.5 缩放、拉伸与拉长

在绘图过程中，有时需要更改图形对象的比例、形状和大小，可以通过缩放、拉伸、拉长命令来实现。

8.5.1 缩放

使用"SCALE（缩放）"命令可在 X 和 Y 方向使用相同的比例因子缩放选择集，在不改变对象宽高比的前提下改变对象的尺寸，如图 8.17、图 8.18 所示。

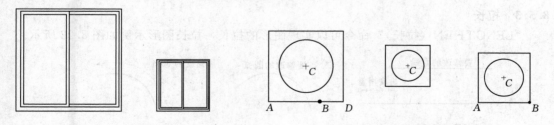

图 8.17 缩放并复制图形   图 8.18 利用参照缩放

8.5.1.1 命令激活方式

（1）下拉菜单：单击【修改】/【缩放】。

（2）工具栏：单击【常用】选项卡/【修改】面板/【缩放】按钮 。

（3）命令行：输入 SCALE↙或 SC↙。

8.5.1.2 选项说明

（1）Specify scale factor：指定比例因子。

（2）Reference：利用参照缩放。

8.5.2　拉伸

使用"STRETCH（拉伸）"命令可以按指定方向和角度拉伸、压缩和移动对象。拉伸图形如图 8.19 所示。

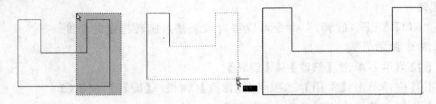

图 8.19　拉伸图形示例

使用拉伸命令时应注意以下两点：

（1）只能拉伸由直线、圆弧、椭圆弧、多段线等命令绘制的带有端点的图形对象。在拉伸图形对象时应使该对象的一个端点在选择窗口之外，另一个端点在选择窗口之内。如果图形的两个端点都在选择窗口之内时，图形将被移动。

（2）对于没有端点的图形对象（如圆、椭圆、图块及文本等）的拉伸，若其特征点（如圆心）在选择窗口之外，则拉伸后该图形仍然保持原位不动，如图 8.20 所示；若其特征点在选择窗口之内，则拉伸后该图形将移动，如图 8.21 所示。

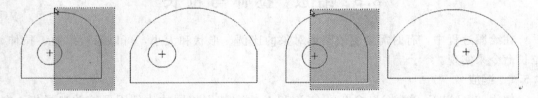

图 8.20　圆心不在选择窗口内时圆不变　　　图 8.21　圆心在选择窗口内则移动圆

8.5.3　拉长

"LENGTHEN（拉长）"命令可以实现图形的拉长，拉长图形示例如图 8.22 所示。

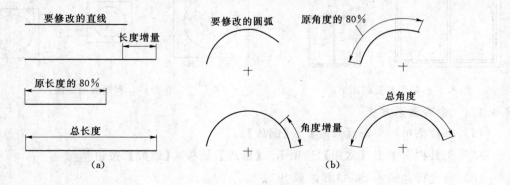

图 8.22　拉长图形示例
（a）直线拉长；（b）圆弧拉长

8.5.3.1 命令激活方式

（1）下拉菜单：单击【修改】/【拉长】。

（2）工具栏：单击【常用】选项卡/【修改】面板/【拉长】按钮✏。

（3）命令行：输入 LENGTHEN↙或 LEN↙。

8.5.3.2 选项说明

（1）Select an object：选择对象。

（2）Delta（增量）：增量可正可负。

（3）Percent（百分数）：以百分比的方式，改变实体或圆弧长度。

（4）Total（全部）：通过指定对象总长度或圆弧总角度，改变实体或圆弧长度。

（5）Dynamic（动态）：根据被拖动的端点的位置改变选定对象的长度。

8.6 修 剪 与 延 伸

8.6.1 修剪

"TRIM（修剪）"命令用于修剪对象，该命令要求首先选择修剪边界，然后再选择被修剪的对象。

8.6.1.1 命令激活方式

（1）下拉菜单：单击【修改】/【修剪】。

（2）工具栏：单击【常用】选项卡/【修改】面板/【修剪】按钮✂。

（3）命令行：输入 TR↙。

8.6.1.2 操作步骤

系统将给出如下相关提示：

选择对象或〈全部选择〉：　　　　　　　　　　　　　　（选择相应规范其边界的对象）

选择对象：　　　　　　　　　　　　　　　　　　　　　　　（↙，结束边界的选择）

选择要修剪的对象，或按住 Shift 键选择要延伸的对象，或〔栏选（F）/窗交（C）/投影（P）/边（E）/删除（R）/放弃（U）〕：　　　（选择要修剪的对象，确定需要删除的部分）

选择要修剪的对象，或按住 Shift 键选择要延伸的对象，或〔栏选（F）/窗交（C）/投影（P）/边（E）/删除（R）/放弃（U）〕：　　　　　　　　　　　（↙，结束命令）

8.6.1.3 设置项目

（1）栏选/窗交。使用栏选或窗交方式选择对象，可以快速地一次修剪多个对象。

（2）边。选择剪切边的模式，在命令行中输入该选项并按"Enter"键。

（3）延伸修剪。按延伸方式实现修剪。如果修剪边太短而没有与被修剪对象相交，系统会自动虚拟延伸修剪边，然后再进行修剪，如图 8.23所示。

（4）不延伸修剪。只按边的实际相交情况修剪对象，如图 8.24 所示。

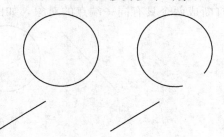

图 8.23 延伸修剪

图 8.24　不延伸修剪　　　　　　　　　　　图 8.25　延伸示例

8.6.2　延伸

使用"EXTEND（延伸）"命令可以将直线、圆弧、椭圆弧、非闭合多段线和射线精确地延伸到由选定对象定义的边界上，如图 8.25 所示。

8.6.2.1　命令激活方式

（1）下拉菜单：单击【修改】/【延伸】命令。

（2）工具栏：单击【常用】选项卡/【修改】面板/【延伸】按钮━/。

（3）命令行：输入 EX↙。

8.6.2.2　操作步骤

执行延伸命令后，系统将给出如下相关提示：

选择对象或〈全部选择〉：　　　　　　　　　　　（选择相应规范其边界的对象 AB）

选择对象：　　　　　　　　　　　　　　　　　　（↙，结束边界的选择）

选择要延伸的对象，或按住 Shift 键选择要修剪的对象，或［栏选（F）/窗交（C）/投影（P）/边（E）/放弃（U）］：　　　　　　　　　　　　　　　　（选择要延伸的对象 CD）

选择要延伸的对象，或按住 Shift 键选择要修剪的对象，或［栏选（F）/窗交（C）/投影（P）/边（E）/放弃（U）］：　　　　　　　　　　　　　　　　（↙，结束命令）

其执行结果如图 8.25 所示。

8.7　打　断　与　合　并

8.7.1　打断

使用"BREAK（打断）"命令可以将对象的指定两点间的部分删掉，或将一个对象打断成两个具有同一端点的对象，如图 8.26 所示。

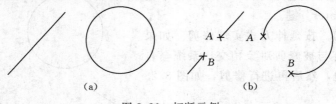

图 8.26　打断示例

（a）打断前；（b）打断后

8.7.1.1 命令激活方式

（1）下拉菜单：单击【修改】/【打断】。

（2）工具栏：单击【常用】选项卡/【修改】面板/【打断】按钮 。

（3）命令行：输入 BR✓。

8.7.1.2 打断命令注意要点

（1）如果要删除对象的一端，可在选择被打断的对象后，将第二个打断点指定在要删除端的端点。

（2）在"指定第二个打断点"命令提示下，若输入@，表示第二个打断点与第一个打断点重合，这时可以将对象分成两部分，而不删除。

（3）当打断圆时，系统将沿逆时针方向从第一断点到第二断点间删除圆弧。

8.7.2 合并

如果需要连接某一连续图形上的两个部分，或者将某段圆弧闭合为整圆，需要使用"JOIN（合并）"命令，如图 8.27 所示。

图 8.27 合并示例

命令激活方式如下：

（1）下拉菜单：单击【修改】/【合并】。

（2）工具栏：单击【常用】选项卡/【修改】面板/【合并】按钮 。

（3）命令行：输入 JOIN✓。

8.8 分 解 与 面 域

8.8.1 分解

"EXPLODE（分解）"命令能分解组合对象，使其所属的图形实体变成可编辑实体，如图 8.28、图 8.29 所示。

图 8.28 有一定宽度的多义线分解前后对照 　图 8.29 圆环分解前后对照

8.8.1.1 命令激活方式

（1）下拉菜单：单击【修改】/【分解】。

（2）工具栏：单击【常用】选项卡/【修改】面板/【分解】按钮 。

（3）命令行：输入 EXPLODE↙或 X↙。

8.8.1.2　操作结果

8.8.2　面域

面域是具有物理特性（例如质心）的二维封闭区域。可以将现有面域合并为单个复合面域来计算面积。

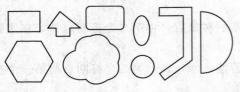

图 8.30　构成面域的图形

面域是使用形成闭合环的对象创建的二维闭合区域。环可以是直线、多段线、圆、圆弧、椭圆、椭圆弧和样条曲线的组合。组成环的对象必须闭合或通过与其他对象共享端点而形成闭合的区域，如图 8.30 所示。

8.8.2.1　面域的应用范围

（1）应用填充和着色。

（2）使用 MASSPROP 分析特性（例如面积）。

（3）提取设计信息。

8.8.2.2　形成面域的方法

（1）可以通过多个环或者端点相连形成环的封闭曲线来创建面域。不能通过开放对象内部相交构成的闭合区域构造面域。例如，相交圆弧或自相交曲线。

（2）也可以使用 BOUNDARY 创建面域。

（3）可以通过结合、减去或查找面域的交点创建组合面域。形成这些更复杂的面域后，可以应用填充或者分析它们的面积。

8.8.2.3　定义面域的步骤

（1）依次单击【绘图（D）】/【面域（N）】 。

（2）选择对象以创建面域。这些对象必须各自形成闭合区域，例如圆或闭合多段线。

（3）按"Enter"键。命令提示下的消息指出检测到了多少个环以及创建了多少个面域。

8.9　倒　角　与　圆　角

8.9.1　倒角

"CHAMFER（倒角）"能连接两个非平行的对象，通过延伸或修剪使它们相交或利用斜线连接，如图 8.31 所示。

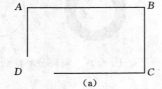 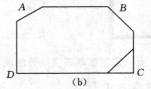

图 8.31　倒角示例

（a）倒角前；（b）倒角后

8.9.1.1 命令激活方式

(1) 下拉菜单：单击【修改】/【倒角】。

(2) 工具栏：单击【常用】选项卡/【修改】面板/【倒角】按钮。

(3) 命令行：输入 CHAMFER✓ 或 CHA✓。

8.9.1.2 选项说明

(1) Select first line：选择要进行倒角的第一个实体目标。

(2) Polyline：对整条多义线每个可倒角的相邻边进行倒角。

(3) Distance：确定倒角距离。

(4) Angle：确定第一倒角距离和角度。

(5) Trim：确定倒角的修剪状态。

(6) Method：确定进行倒角的方式。

8.9.2 圆角

"FILLET"命令能通过一个指定半径的圆弧来光滑地连接两个对象，如图 8.32 所示。

8.9.2.1 命令激活方式

(1) 下拉菜单：单击【修改】/【圆角】。

(2) 命令行：输入 FILLET✓。

8.9.2.2 选项说明

(1) Select first object：选择要进行圆角的第一个实体目标。

(2) Polyline：选择多段线，AutoCAD 将以默认的圆角半径对整条多义线相邻各边进行圆角操作。

(3) Radius：确定圆角半径。

(4) Trim：确定圆角的修剪状态，系统变量 TRIMMODE 为 0 保持对象不被修剪。

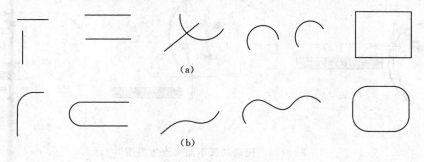

图 8.32 圆角示例
(a) 圆角前；(b) 圆角后

如果用于圆角的图线是相互平行的，在执行圆角之后，AutoCAD 将不考虑当前的圆角半径，而是自动使用一条半圆弧连接两条平行线，半圆弧的直径为两条平行线之间的距离。

8.10 夹点编辑对象

夹点是对象的形状与位置的控制点，如图 8.33 所示。例如，圆有圆心和四个象限夹点，直线有两个端点和一个中点夹点。要显示夹点，可在不执行任何命令的情况下直接单击对象。

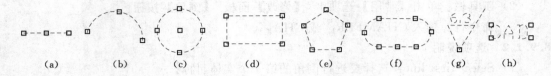

图 8.33　对象的夹点

（a）直线；（b）圆弧；（c）圆；（d）矩形；（e）正多边形；（f）多段线；（g）块；（h）文本

值得注意的是，拖动不同夹点时执行的操作是不同的。例如，以圆弧为例，拖动各夹点时的效果如下。

拖动圆弧不同夹点可以执行的不同操作：

（1）拖动圆弧中间的三角形夹点可改变圆弧的半径，而其夹角和圆心不变，如图 8.34（b）所示。

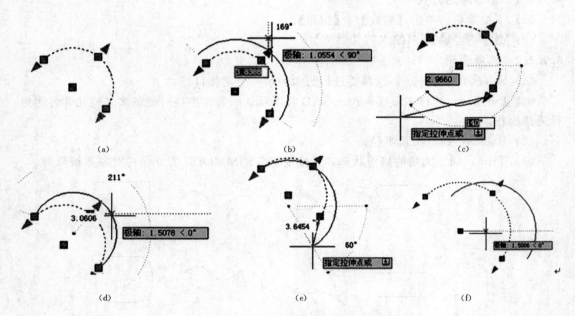

图 8.34　拖动圆弧不同夹点效果图

（2）拖动圆弧两端的三角形夹点可改变圆弧的长度，而其半径和圆心不变，如图 8.34（c）所示。

（3）拖动圆弧中间的正方形夹点可改变圆弧的半径和圆心，而其端点不变，如图 8.34（d）所示。

（4）拖动圆弧两侧的正方形夹点可改变圆弧的半径和圆心，而其一侧端点不变，如图 8.34（e）所示。

（5）拖动圆弧的圆心，可移动整个圆弧，而半径大小不变，如图 8.34（f）所示。

思　考　题

一、填空题

(1) 在 AutoCAD 中，可以使用系统变量＿＿＿＿控制文字对象的镜像方向。

(2) 建立面域使用的命令是＿＿＿＿。

(3) 倒圆角的命令是＿＿＿＿。

(4) 在修改命令中选择＿＿＿＿命令，可以将对象在一点处断开成两个对象，该命令是从"打断"命令派生出来的。

二、选择题

(1) "offset" 不能起作用的对象是＿＿＿＿。

A. 圆　　　　　　　　　　　　B. 线

C. 正多边形　　　　　　　　　D. 点

(2) 启动镜像 "MIRROR" 命令的方法可以是＿＿＿＿。

A. 【菜单栏】/【修改】/【镜像】

B. 命令行输入 MIRROR

C. 单击【修改】工具栏上的【镜像】按钮

D. 以上均可以

(3) 用旋转命令 "ROTATE" 旋转对象时，＿＿＿＿。

A. 必须指定旋转角度

B. 必须指定旋转基点

C. 必须使用参考方式

D. 可以在三维空间缩放对象

(4) 应用圆角命令 "FILLET" 对一条多线段进行圆角操作，＿＿＿＿。

A. 可以一次指定不同圆角半径

B. 如果一条弧线段隔开两条相交的直线段，将删除该段而替代指定半径的圆角

C. 必须分别指定每个相交处

D. 圆角半径可以任意指定

(5) 下面的操作中不能实现复制操作的是＿＿＿＿。

A. 复制　　　　　　　　　　　B. 镜像

C. 偏移　　　　　　　　　　　D. 分解

三、思考题

(1) "修剪对象"与"打断对象"都可以删除图线上的一部分轮廓线，想一想这组工具在操作手法上有何区别？是否可以混用？

(2) 默认设置下对图形进行旋转或缩放时，往往需要指定精确的参数作为旋转角度或缩放比例，但是如果这些参数不明确的情况下，如何进行精确的旋转或缩放图形？

四、操作题

综合运用 AutoCAD 的编辑修改命令，按尺寸绘制如图 8.35 所示的闸房的立面图、剖面图和平面图。

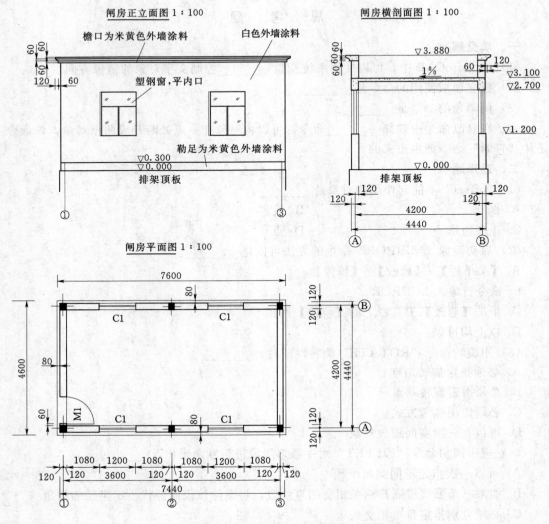

图 8.35 闸房的立面图、剖面图和平面图

第 9 章 组 合 体

【学习要求】

(1) 熟练掌握画组合体视图的作图方法和步骤。

(2) 掌握完整、清晰、正确、合理地在图中标注组合体尺寸的方法。

(3) 熟练掌握并运用形体分析法读组合体的视图。

工程形体的形状虽然很复杂，但若加分析，都可以看成是基本体的组合。由若干个基本体所组成的物体，称为组合体。本章介绍组合体视图的画法、尺寸标注和读图方法。

9.1 组合体的形体分析

9.1.1 形体分析法的概念

形体分析法是以基本体为单元，先分解后综合的一种分析方法。

在对组合体进行画图、读图和标注尺寸的过程中，一般都是运用形体分析法假想把组合体分解成若干基本体，然后再弄清它们之间的相对位置、组合方式及表面连接关系。形体分析法是画图、看图和标注尺寸的常用方法。

9.1.2 组合体的组合形式

组合体的组合形式包括叠加、切割及既有叠加又有切割的综合形式。

(1) 叠加式组合体。由若干个基本体叠加而成的组合体，简称叠加体，如图 9.1 所示。

(2) 切割式组合体。由基本体切割而成的组合体，简称切割体，如图 9.2 所示。

(3) 综合式组合体。既有叠加又有切割的组合体，简称综合体，如图 9.3 所示。

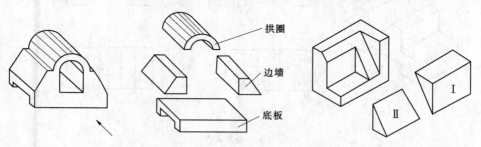

图 9.1 叠加式组合体   图 9.2 切割式组合体

9.1.3 组合体各部分之间表面连接关系及连接处的画法

组合体各部分之间的表面连接关系可分为不平齐、平齐、相切和相交四种情况。因为分解组合体这种分析方法是假想的，而组合体实际上是一个整体，所以画组合体的视图时，必须注意其组合形式和各组成部分之间表面的连接关系，才能不多画或漏画线。在读

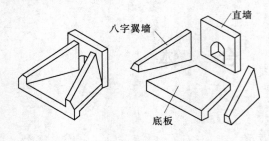

八字翼墙

直墙

底板

图9.3 综合式组合体

图时，也必须注意这些关系，才能想清楚整体结构形状。

1. 不平齐

当两个形体的两个表面不平齐时，两个形体之间存在分界线，画视图时，该处应画出分界线。如图9.4所示的形体Ⅰ和形体Ⅱ前后表面不平齐，主视图应画出两形体的分界线，如图9.4（b）所示为正确的画法，而如图9.4（c）所示的主视图中漏画了分界线，是错误的。

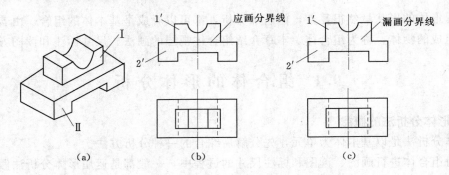

应画分界线

漏画分界线

（a） （b） （c）

图9.4 两表面不平齐
（a）形体分析；（b）正确画法；（c）错误画法

2. 平齐

当两个形体的两个表面平齐时，平齐无界线，画视图时，该处不应再画出分界线，如图9.5（b）所示为正确的画法，而如图9.5（c）所示为错误的画法。

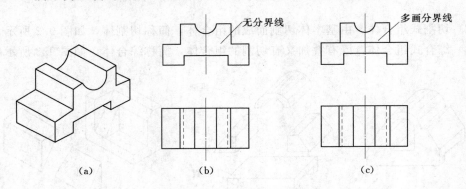

无分界线

多画分界线

（a） （b） （c）

图9.5 两表面平齐
（a）形体分析；（b）正确画法；（c）错误画法

3. 相切

相切是指两基本体表面（平面与曲面、曲面与曲面）光滑过渡。平面与曲面、曲面与曲面相切时，在相切处不存在交线，画视图时，该处不应再画出分界线，如图9.6所示。

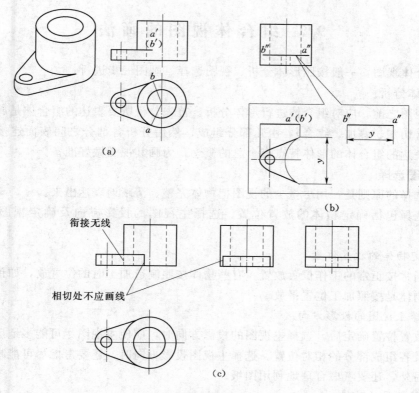

图 9.6　两表面相切

（a）形体分析；（b）正确画法；（c）错误画法

4. 相交

相交是指两形体表面彼此相交。两体相交时，相交处有交线即产生相贯线，应画出。如图 9.7（a）所示，耳板的前后侧平面与圆柱相交，因此主视图和左视图中相交处应画出界线，且应注意交线的位置，如图 9.7（b）所示为正确画法，而 9.7（c）的主视图中交线的位置不对，左视图中漏线。

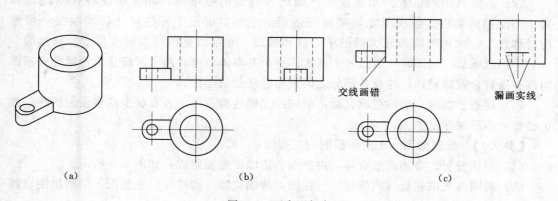

图 9.7　两表面相交

（a）形体分析；（b）正确画法；（c）错误画法

9.2 组合体视图的画法

画组合体视图，一般按照形体分析、视图选择、画图三步进行。

9.2.1 形体分析

画三视图之前，应对组合体进行形体分析。首先分析所要表达的组合体是属于哪一种组合形式（切割、叠加、综合），由几部分组成；然后分析各部分之间表面连接关系，从而对所要表达的组合体的形体特点有个总的概念，为画其视图做好准备。

9.2.2 视图选择

视图选择的原则是：用尽量少的视图把物体完整、清晰地表达出来。

视图选择包括确定物体的放置位置、选择主视图的投影方向及确定视图数量三个问题。

1. 确定物体的放置位置

物体通常按正常的工作位置放置。有些物体按照制造加工时的位置放，如预制桩等一类的杆状物体是按照加工位置平放。

2. 选择主视图的投影方向

物体放置位置确定后，选择主视图的投影方向时，应使主视图尽可能多地反映物体的形状特征及各组成部分的相对位置。选择主视图投影方向时，还要考虑尽可能减少视图中的虚线。另外，还要考虑合理地利用图纸。

3. 视图数量的选择

基本原则是用最少的投影图把形体表达得清楚、完整，即在清楚、完整地图示整体和组成部分的形状及其相对位置的前提下，投影图的数量越少越好。

9.2.3 画图

（1）选定比例、确定图幅。视图选择后，应根据组合体的大小和复杂程度，按标准规定选择适当的比例和图幅。选择原则为：表达清楚，易画、易读，图上的图线不宜过密与过疏。

（2）布置视图的位置。布置视图即画出各视图的基准线，布图应使各视图均匀布局，不能偏向某边。各视图之间要留有适当的空间，以便于标注尺寸。基准线一般选用对称线、较大的平面或较大圆的中心线和轴线，基准线是画图和量取尺寸的起始线。

（3）画底稿。画图时一般是一个基本体一个基本体地画。画图时应注意每部分三视图间都必须符合投影规律，注意各部分之间表面连接处的画法。

（4）检查、加深。底稿图画完后，应对照立体检查各图是否有缺少或多余的图线，改正错处，然后加深全图。

【例9.1】 绘制如图9.1所示涵洞的三视图。

（1）形体分析。叠加式组合体，由拱圈、边墙、底板组成，如图9.8所示。

（2）画图。先画底板（八棱柱）三视图，再画边墙（四棱柱）三视图，后画拱圈（圆筒）三视图，如图9.8所示。

（3）检查、加深。

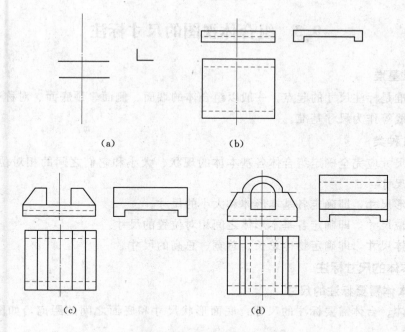

（a）　　　　　　　　　　（b）

（c）　　　　　　　　　　（d）

图 9.8　涵洞三视图的画图步骤

（a）画各视图基准线；（b）画底板三视图；（c）画边墙三视图；

（d）画拱圈三视图，检查加深全图

【例 9.2】　绘制如图 9.9 所示切割体的三视图。

具体的作图步骤为：先画原体三视图，如图 9.9（a）所示；然后画出切去形体Ⅰ后的三视图，如图 9.9（b）所示；画出切去形体Ⅱ后的三视图，如图 9.9（c）所示；然后检查并加深主线，完成作图，如图 9.9（d）所示。

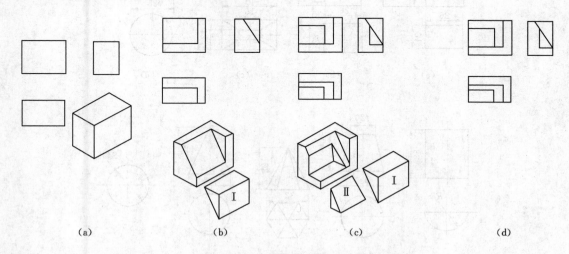

（a）　　　　　　（b）　　　　　　（c）　　　　　　（d）

图 9.9　切割体画图步骤

（a）画原体三视图；（b）画切去形体Ⅰ后的三视图；（c）画切去形体Ⅱ后的三视图；（d）检查加深全图

9.3　组合体视图的尺寸标注

9.3.1　尺寸基准

尺寸基准是标注尺寸的起点。一般以组合体的端面、侧面、顶底面、对称中心线及回转体回转轴线等作为尺寸基准。

9.3.2　尺寸种类

标注的尺寸应完全确定组合体各基本体的现状、大小和它们之间的相对位置，为此，应标注三类尺寸：

（1）定形尺寸，即确定各基本形体和大小的尺寸。

（2）定位尺寸，即确定各基本形体之间相对位置的尺寸。

（3）总体尺寸，即确定物体总长、总宽、总高的尺寸。

9.3.3　基本体的尺寸标注

9.3.3.1　基本体需要标注的尺寸

（1）柱体、台体需要标注的尺寸：底面形状尺寸和底面之间的距离，如图 9.10（a）～（f）所示。

（2）锥体需要标注的尺寸：底面形状尺寸、底面和锥顶之间的距离，如图 9.10（g）、（h）所示。

（3）圆球体只需要标注球面直径，如图 9.10（i）所示。

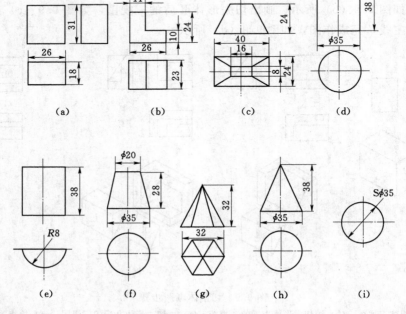

图 9.10　基本体的尺寸标注

9.3.3.2 基本体标注需要注意的问题

（1）基本体上同一尺寸只能标注一次。如圆柱体底面直径（$\phi 35$）标注在主视图上，在俯视图的圆上就不再标注，如图 9.10（d）所示。

（2）平面体确定底面形状的尺寸一般标注在反映底面形状实形的特征视图上；曲面体的底面直径通常标注在非圆视图上，如图 9.10（d）、（f）、（h）所示；而半径应注在圆视图上，如图 9.10（e）所示。

9.3.4 切割体的尺寸标注

标注切割体尺寸时，应分析该切割体原体是什么，如何切割，再依次进行尺寸标注。

9.3.4.1 需要标注的尺寸

原体的定形尺寸和截平面的定位尺寸。

9.3.4.2 需要注意的问题

截断面的形状不注尺寸。因为截平面位置一确定，其截交线自然形成。

【例 9.3】 标注如图 9.11 所示切割体的尺寸。

该组合体是切割体，原体是圆柱，用两个截平面（一个水平面，一个侧平面）在圆柱左上角切一个缺口。

（1）标注原体尺寸。原体圆柱需标 2 个尺寸：$\phi 35$，42，应集中标注在主视图上，如图 9.11（a）所示。

（2）标注截平面的定位尺寸。截平面定位尺寸只需标注 18、9，并应标注在反映缺口特征的主视图上，如图 9.11（b）所示。

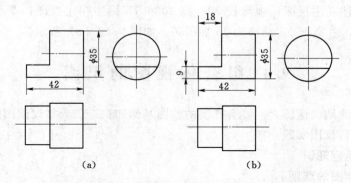

图 9.11 切割体的尺寸标注
（a）标注原体定形尺寸；（b）标注截平面的定位尺寸、完成标注

9.3.5 叠加体（综合体）的尺寸标注

标注叠加体（综合体）的尺寸，也应先进行形体分析，分析该叠加体由几部分组成，各部分间的叠加方式及相对位置。

9.3.5.1 需要标注的尺寸

各部分的定形尺寸和各部分间的定位尺寸及组合体的总体尺寸。

9.3.5.2 需要注意的问题

相贯线形状不注尺寸。因为两相交立体形状及相对位置一确定，其相贯线自然形成。

【例 9.4】 标注如图 9.12 所示叠加体的尺寸。

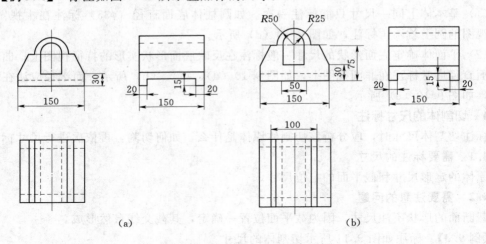

图 9.12 叠加体的尺寸标注
(a) 标注底板尺寸；(b) 标注拱圈、边墙及总尺寸

该组合体是叠加体，由底板、拱圈、边墙叠加而成。

(1) 标注底板尺寸：底板需标六个尺寸：长 150、高 30 标注在主视图，其他尺寸标注在反映底板特征的左视图上，如图 9.12 (a) 所示。

(2) 标注拱圈、边墙及总尺寸。拱圈、边墙及总尺寸与底板同宽，都是 150。拱圈半径 $R50$、$R25$ 标注在主视图；边墙长 50、高 30 和 75 标注在主视图，宽 100 标注在俯视图；总长为 150，总宽 150，总高为 75 加 $R50$，如图 9.12 (b) 所示。

9.4 组合体视图的识读

要能正确迅速地读懂图，一要有扎实的读图基础知识；二要掌握读图的方法；三要通过典型体反复进行读图实践。

9.4.1 读图的基础知识

9.4.1.1 掌握读图的准则

由于一个视图不能确定物体的形状，因此看图时应以主视图为中心，将各视图联系起来看，这是读图的准则。

9.4.1.2 熟记读图的依据

三视图间的投影规律、基本体三视图的图形特征、各种位置直线和平面的投影特征是读图的依据，只有熟练地掌握它们，才能读懂各类物体的图形。

9.4.1.3 弄清图中线和线框所代表的含义

视图中的图线可表示：两面交线的投影积聚性面的投影、曲面轮廓素线的投影，如图 9.13 (a) 所示。

视图中封闭的线框可表示：体的投影、孔洞的投影、面的投影。面可能是平面、曲面，也可能是平曲组合面，如图 9.13 (b) 所示。

两线框如有公共线，则两个面一定是相交或错开。

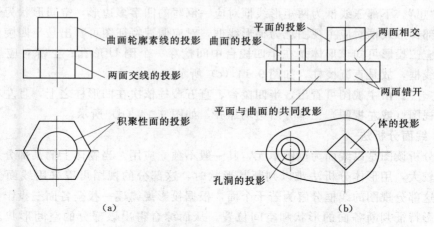

图 9.13　视图中线和线框的含义

9.4.2　读图的常用方法

读图是画图的反向思维过程，所以读图的方法与画图是相同的。读图的基本方法也是形体分析法，遇难点部分辅以线面分析法。

9.4.2.1　形体分析法

形体分析法读图是以基本形体为读图单元，将组合体视图分解为若干简单的线框，然后判断各线框所表达的基本形体的形状，再根据各部分的相对位置综合想象出整体形状。简单地说，形体分析法就是一部分一部分地看。

用形体分析法读图，其步骤可用四个字概括"分"、"找"、"想"、"合"。

（1）"分"。从特征明显的视图着手，按线框把视图分为几部分，空间意义即是把形体分成几部分。

（2）"找"。按照"长对正、高平齐、宽相等"找出各部分对应的其他投影。

（3）"想"。根据各部分的投影想象各部分的形状。

（4）"合"。根据各部分的相对位置想象物体的整体形状。

【例 9.5】　根据如图 9.14（a）所示涵洞面墙的三视图，想象其空间形状。

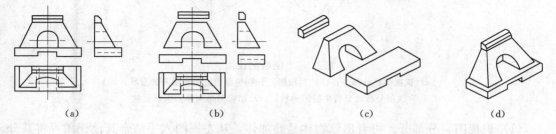

图 9.14　组合体形体分析法读图

（a）三视图；（b）分部分，找其他视图；（c）逐部分想形状；（d）综合想整体

（1）"分"。该物体很显然是叠加体，从左视图入手，结合其他视图可将其分为上、中、下三部分，如图 9.14（b）所示。

（2）"找"。由左视图按投影规律找出各部分在主视图和俯视图上的对应线框。

（3）"想"。下部三线框为两矩形线框对应一倒写的凹字多边形，空间形状为倒放的凹形柱；中部梯形线框对应主视图也为梯形线框，对应俯视特征图可看出是半四棱台，由其内虚线对应三投影可知该形体是在半四棱台中间挖穿一个倒 U 形孔；上部对应另两视图都是矩形线框，故是直五棱柱，如图 9.14（c）所示。

（4）"合"。由主视图可看出，半四棱台、直五棱柱依次在凹形柱之上，且左右位置对称，看俯视图（或左视图）三部分后边均靠齐，如图 9.14（d）所示。

9.4.2.2 线面分析法

线面分析读图是以线面为读图单元，其一般不独立应用。当物体上的某部分形状与基本体相差较大，用形体分析法难以判断其形状时，这部分的视图可以采用线面分析法读图，即将这部分视图的线框分解为若干个面，根据投影规律逐一找全各面三投影，然后按平面的投影特征判断各面的形状和空间位置，从而综合得出该部分的空间形状。简单地说，线面分析法看图就是一个面一个面地看。

【例 9.6】 根据如图 9.15（a）所示闸墩的三视图，想象其空间形状。

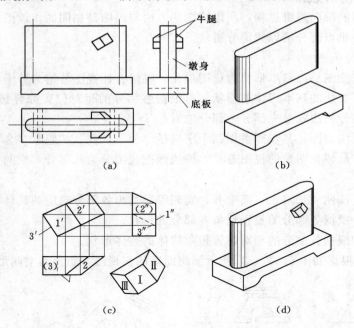

图 9.15 闸墩的读图
(a) 识视图，分部分；(b) 对投影，分别想象出底板和墩身的形状；
(c) 线面分析法分析牛腿的形状；(d) 综合想出物体的整体形状

（1）识视图，分部分。可看出该物体是叠加体，从左视图入手结合其他视图可将其分为三部分：下部是底板、上部是墩身，墩身两侧各突出一个形体，工程上称为"牛腿"。

（2）逐部分对投影、想形状。根据投影规律，由基本体视图图形特征可知底板为倒凹形直棱柱，墩身为组合柱体，如 9.15（b）所示。牛腿的形状用形体分析法不易看懂，需作线面分析。

（3）线面分析法分析牛腿。将前边的牛腿投影放大画出，主视图上平行四边形线框1′在俯视图及左视图上没有对应的类似线框，它对应着俯视图上一条横平线，对应左视图上一条竖直线，可知Ⅰ面为正平面；线框2′也为平行四边形，在俯视图和左视图上都对应有类似线框2及（2″），可以肯定Ⅱ面是一般位置面。Ⅰ、Ⅱ面在主视图中可见，是形体前面的两个面。形体左侧面在主视图上为一斜线3′，对应左视图和俯视图为两矩形线框3″及（3），可以判断Ⅲ面为一正垂面。用同样的方法可以分析出牛腿的上下两面都是正垂面，形状是直角梯形。综合以上分析，可知牛腿是一斜放的截头四棱柱，如9.15（c）所示。

（4）综合起来想整体。从主视图和左视图可看出，底板在下，墩身在底板之上，且前后、左右居中，两牛腿在墩身右上角，前后各一个成对称分布，如9.15（d）所示。

思　考　题

（1）什么是组合体？有哪几种组合形式？

（2）组合体视图的画图步骤是什么？

（3）什么是形体分析法？如何对物体进行形体分析？

（4）各种基本体分别需要标注哪些尺寸？

（5）各种组合体分别需要标注哪些尺寸？该如何标注，需要注意什么问题？

（6）用形体分析法读图的步骤是什么？

第10章 视图、剖视图、断面图

【学习要求】

（1）掌握各种视图、剖视图、断面图的基本概念、画法及标注。

（2）熟练掌握各种视图、剖视图、断面图的使用条件及范围。

（3）能初步应用各种表达方法比较完整清晰地表达各种物体。

在生产实践中，工程形体是复杂多样的，仅用三视图难以将各种工程形体的内外形状完整、清晰、简便地表达出来。为此，制图标准中规定了一系列的表达方法。本章介绍其中常用的几种。

10.1 视 图

视图是物体向投影面投影时所得的图形。在视图中一般只用粗实线画出物体的可见轮廓，必要时可用虚线画出物体的不可见轮廓。常用的视图包括：基本视图、局部视图和斜视图。局部视图和斜视图统称为特殊视图。

10.1.1 基本视图

国家标准规定用正六面体的六个面作为基本投影面，将物体放在其中，分别向这六个基本投影面投影所得的视图称为基本视图，如图 10.1 所示。

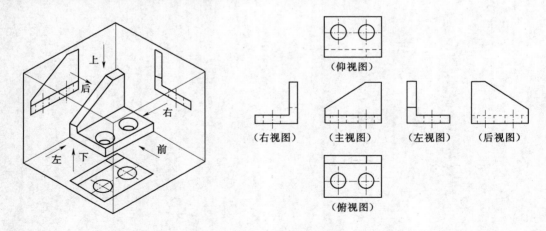

图 10.1 基本视图

六个基本视图之间与三视图一样，仍应符合正投影规律，即主、俯、仰视图"长对正"；主、左、右、后视图"高平齐"；俯、左、右、仰视图"宽相等"的投影规律。

实际画图时，一般物体不需要全部画出六个基本视图，而是根据物体的形状特点，选择其中的几个基本视图来表达物体的形状。

10.1.2 局部视图

如图 10.2 所示物体，用主视图、俯视图两个基本视图已把主体结构表达清楚，只有箭头所指的两凸台的形状尚未表达清楚。若再画出左视图和右视图则大部分重复，若如图 10.2 所示仅画出所需要表达的那一部分，则简洁明了。这种只将物体的某一部分向基本投影面投影所得的视图称为局部视图。

局部视图不仅减少了画图的工作量，而且重点突出，表达比较灵活。但局部视图必须依附于一个基本视图，不能独立存在。

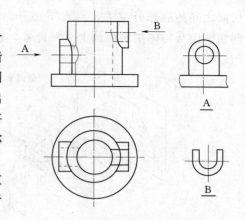

图 10.2　局部视图

10.1.3 斜视图

当物体上的表面与基本投影面倾斜时，在基本投影面上就不能反映表面的真实形状，为了表达倾斜表面的真实形状，可以选用一个平行于倾斜面并垂直于某一个基本投影面的平面为投影面，画出其视图。这种将物体向不平行于任何基本投影面的平面投影所得的视图称为斜视图，如图 10.3 所示。

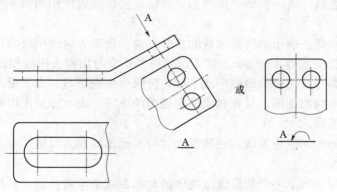

图 10.3　斜视图

10.2 剖　视　图

当物体的内部结构比较复杂时，如果仍用视图来表达，那么视图中必然要画出很多的虚线，这样势必影响图形的清新，既不利于看图，也不便于标注尺寸；另一方面结构的材料在视图中也无法反映出来。为了解决物体内部结构的表达问题，在制图中通常采用剖视的方法。

10.2.1 剖视图的形成

剖视图是假想用一个剖切平面将形体剖切，移去观察者和剖切平面之间的部分，对剩余部分向投影面作正投影，并且在剖切平面与物体接触面画上材料符号得到的视图。

剖视图的形成如图 10.4 所示。假想用一个剖切平面 P 剖开基础，将处在观察者和剖切面之间的那部分移去，将剩下部分向 V 面投影，其内槽不可见的虚线，变成粗实线，剖切平面与物体接触面画上材料符号，这样得到的正视图就是剖视图。

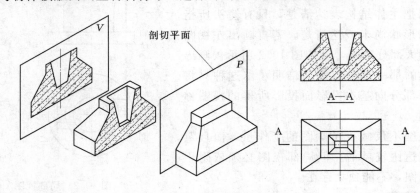

图 10.4　基础剖视图的形成

10.2.2　剖视图的标注

为了说明剖视图与有关视图之间的投影关系，便于读图，一般均应加以标注。标注内容为剖切位置线、投影方向线和编号，如图 10.4 所示。

（1）剖切位置线。表示剖切平面的剖切位置。剖切位置线用两段粗实线绘制，长度 6～10mm。

（2）投影方向线。表示剖切形体后的投影方向。投影方向线用两段粗实线绘制，与剖切位置线垂直，长度宜为 4～6mm。剖面剖切符号不宜与图面上图线相接触。

（3）剖面的编号。用阿拉伯数字或字母，按顺序由左至右、由下至上连续编排，编号应注写在剖视方向线的端部。且在相应的剖视图的下方（或上方）注出相同的两个数字或字母，中间加一横线。

（4）需要转折的剖切位置线，在转折处如与其他图线发生混淆，应在转角的外侧加注与该符号相同的编号。

（5）省略标注。当单一剖切面通过物体的对称面或基本对称面，且剖视图按投影关系配置，中间又无其他图形隔开时，可省略标注。

10.2.3　剖视图的画法
10.2.3.1　画法要点

（1）确定剖切位置。为了表达物体内部结构的真实形状，剖切面的位置一般应平行于投影面，且与物体内部结构的对称面或轴线重合。

（2）画剖视图轮廓线。先画剖切面与物体接触部分的轮廓线，然后再画剖切面后可见轮廓线，在剖视图中凡剖切面切到的断面轮廓以及剖切面后的可见轮廓，都用粗实线画出。

（3）画断面材料符号。在剖视图上剖切面与物体接触的部分称为断面。国家标准规定在断面上应画出该物体的材料符号，这样便于想象出物体的内外形状，并可区别于视图。

（4）剖视图的名称用相应的编号代替，注写在剖视图的下方（或上方）。

10.2.3.2　画剖视图应注意的问题

（1）明确剖切是假想的。剖视图是把物体假想"切开"后所画的图形，除剖视图外，其余视图仍应完整画出。

（2）不要漏线。剖视图不仅应该画出与剖切面接触的断面形状，而且还要画出剖切面后的可见轮廓线。但是对初学者而言，往往容易漏画剖切面后的可见轮廓线，应特别注意。

（3）合理地省略虚线。用剖视图配合其他视图表示物体时，图上的虚线一般省略不画。但如果画出少量的虚线可以减少视图数量，而且又不影响视图的清晰时，也可以画出少量的虚线。对已表达清楚的结构，在其他视图中的虚线应省略。

（4）正确绘制断面材料符号。在剖视图上画断面材料符号时，应注意同一物体各剖视图上的材料符号要一致，即斜线方向一致、间距相等。在绘图时，如果未指明形体所用材料，图例可用与水平方向成45°的斜线表示，线型为细实线，且应间隔均匀，疏密适度。

10.2.4 剖视图的种类

根据不同的剖切方式，剖视图有全剖视图、半剖视图、阶梯剖视图、展开剖视图、局部剖视图、分层剖视图和斜全剖视图。

10.2.4.1 全剖视图

假想用一个剖切平面将形体完整地剖切开，得到的剖视图，称为全剖视图（简称全剖）。

全剖视图一般应用于不对称的形体，或虽然对称，但外形简单，内部复杂的形体。

如图10.5（a）所示的物体，为了表达它的内部形状，用一个正平剖切面将物体整个剖开，然后画出它的剖视图，这种正平全剖所得剖视图，称为正平全剖图。如图10.5（b）所示。

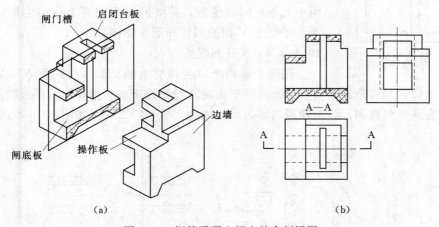

图 10.5 钢筋混凝土闸室的全剖视图

10.2.4.2 半剖视图

假想用一个剖切面把物体完全剖开，以图形对称线为界线，一半绘制物体的外形（视图），一半绘制物体的内部结构（剖视图），即为半剖视图。半剖视图相当于把形体剖去1/2之后，画出一半表示外形投影，一半表示内部剖面的图形。

半剖视图适用于具有对称面，且内外结构都比较复杂的物体。习惯上，将半个剖视图画在对称线的右边、下边或前边。图10.6为一个杯形基础的半剖视图，在正面投影和侧面投影中,都采用了半剖视图的画法,以表示基础的外部形状和内部构造。

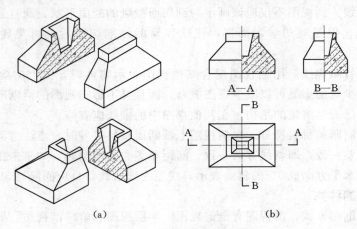

(a)　　　　　　　　　　　(b)

图 10.6　杯形基础半剖视图

10.2.4.3　阶梯剖视图

当用一个剖切平面不能将形体上需要表达的内部结构都剖切到时,可以用两个或两个以上相互平行的剖切平面剖开物体,得到的剖视图称为阶梯剖视图。

阶梯剖视图适用于内部结构具有同一方向但不同位置的对称面的物体。

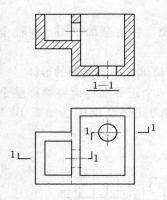

图 10.7　阶梯剖视图

如图 10.7 所示的建筑物,需要同时反映左右两个孔,但两个孔不在同一位置,若要同时反映两个孔的实形,需要用两个平行于 V 面的剖切面剖开物体。

10.2.4.4　展开剖视图

用两个或两个以上相交的剖切面(交线垂直于某一投影面)进行剖切,并将倾斜于基本投影面的剖面旋转到平行于基本投影面后再投影而得到的剖视图称为展开剖视图。该剖视图的图名后应加注"展开"二字,如图 10.8 所示。

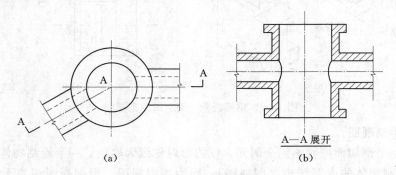

(a)　　　　　　　　　　　(b)

图 10.8　集水井展开剖视图

10.2.4.5　局部剖视图

用剖切平面局部地剖开物体所得的剖视图称为局部剖视图。

如图 10.9 所示的杯形基础，为了保留较完整的外形，将其水平投影的一角剖开画成局部剖面，以表示基础内部的钢筋配置情况。

通常局部剖视图部分用波浪线分界，不标注剖切符号和编号。图名沿用原投影图的名称。波浪线应是细线，与图样轮廓线相交。注意不要画成图线的延长线。局部剖视图的范围通常不超过该投影图形的 1/2。

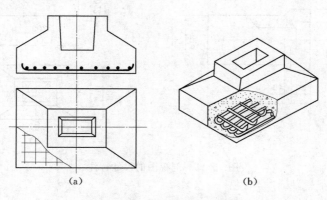

图 10.9　杯形基础局部剖视图

10.2.4.6　分层剖视图

用分层剖切的方法得到的剖视图称为分层剖视图。分层剖视图属于局部剖切的一种形式，用来表达物体内部的构造，应按层次将各层用波浪线隔开，如图 10.10 所示。

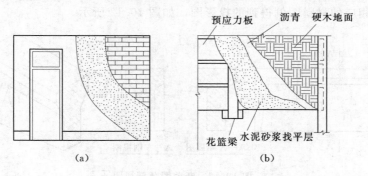

图 10.10　分层剖视图

10.2.4.7　斜全剖视图

用一个不平行于任何基本投影面的剖切平面把物体全部剖开后所得的剖视图称为斜全剖视图，简称斜剖视。

10.2.5　剖视图的尺寸标注

在剖视图上标注尺寸的基本要求与组合体的尺寸标注相同。但根据剖视图的表达特点，剖视图上尺寸标注应注意以下两点。

（1）外形尺寸应尽量标注在视图附近，表达内部结构的尺寸尽量标注在剖视图附近。

（2）在半剖视图上标注内部结构尺寸时，只画一边的尺寸界线和箭头，尺寸线略超过对称线，但尺寸数字应按完整结构尺寸标注，如图 10.11 所示。

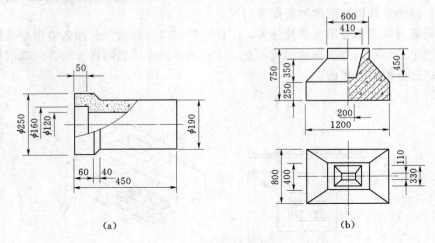

(a)　　　　　　　　　　　　　　　(b)

图 10.11　剖视图的尺寸标注

10.3　断　面　图

10.3.1　断面图的形成

　　断面图是假想用剖切平面将物体切断，仅画出该剖切面与物体接触部分的图形，并在该图形内画上相应的材料图例得到的投影图，如图 10.12 所示。

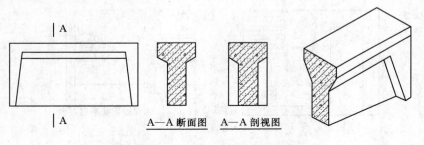

图 10.12　断面图及剖视图

　　断面图是用来表达形体上某处断面的形状，它与剖视图的区别包括以下几个方面：

　　(1) 断面图中只画物体被剖开后的截面投影，是面的投影；而剖视图除了要画出截面的投影，还要画出剖切后物体的剩余部分的投影，是体的投影。实质上断面图就是剖视图的一部分。

　　(2) 剖视图可采用多个剖切平面；而断面图一般只使用单一剖切平面。

　　(3) 剖视图的目的是为了表达物体的内部形状和结构，而画断面图的目的则常用来表达物体中某一局部的断面形状。

10.3.2　断面图的标注

　　为了说明断面图与有关视图之间的关系，便于读图，一般均应加以标注。标注内容为剖切位置线和编号，如图 10.12 所示。

（1）剖切位置线。用粗实线绘制，长度为 6～10mm。

（2）断面编号用阿拉伯数字或字母，按顺序连续编排，并注写在剖切位置线一侧，编号所在的一侧，即表示该断面的投射方向。注写图名时，只写编号即可，不必书写"断面图"。

10.3.3 断面图的种类和画法

根据布置位置不同，断面图可分为移出断面图、中断断面图和重合断面图三种。

1. 移出断面图

将断面图画在物体投影轮廓线之外，称为移出断面图。为了便于看图，移出断面应尽量画在剖切位置线处。移出断面图的轮廓线用粗实线表示，轮廓线内画图例符号，如图 10.13 所示工字钢、槽钢的断面图。移出断面图也可以适当的放大比例，以利于标注尺寸和清晰地显示其内部构造。

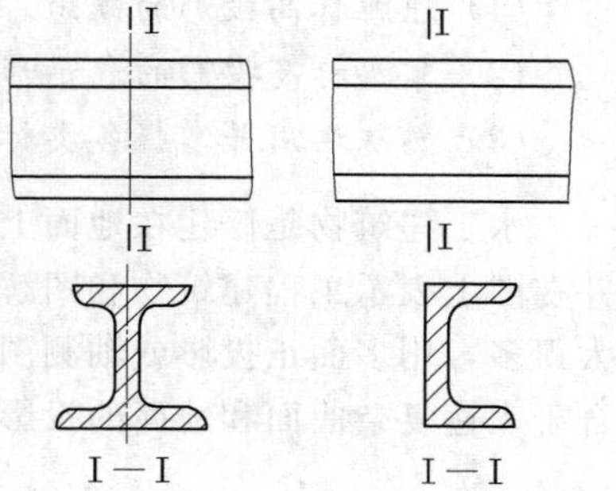

2. 中断断面图

对于单一的长向杆件，将断面图画在杆件的中断处，称为中断断面图。适用于外形简单且较长的杆件，中断断面图不需要标注，如图 10.14 所示。

图 10.13　工字钢、槽钢的移出断面图

中断断面的轮廓线用粗实线，断开位置线可为波浪线、折断线等，但必须为细线，图名沿用原投影图的名称。

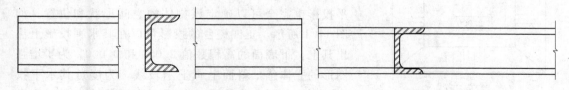

图 10.14　中断断面图　　　　　　　　　图 10.15　重合断面图

3. 重合断面图

将断面图直接画在形体的投影图上，两者重合在一起，这样的断面图称为重合断面图，如图 10.15 所示。重合断面一般不需要标注。

重合断面图的轮廓线用细实线表示。当投影图中的轮廓线与重合断面轮廓线重合时，投影图的轮廓线应连续画出，不可间断。这种断面图常用来表示结构平面布置图中梁、板断面图。

思　考　题

（1）什么是视图？常见的视图有哪几种？其主要用途是什么？

（2）什么是剖视图？常见的剖视图有哪几种？其主要用途是什么？

（3）什么是断面图？常见的断面图有哪几种？其主要用途是什么？

（4）断面图和剖视图有什么区别？

（5）剖视图标注尺寸时要注意什么问题？

第11章 标 高 投 影

【学习要求】
(1) 理解标高投影的概念。
(2) 掌握标高投影的表示形式。
(3) 熟练运用并掌握各类标高投影图的画法和识读。

水工建筑物是修建在地面上的，因此在水利工程的设计和施工中，常需画出地形图，并在图上表示工程建筑物和图解有关问题。但地面形状是复杂的，且水平尺寸比高度尺寸大得多，用多面正投影或轴测图都很难表达清楚。因此，人们在生产实践中总结了一种适合于表达复杂曲面和地面的投影——标高投影。

11.1 标高投影的基本概念

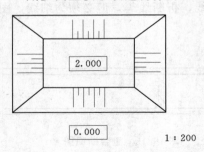

图 11.1 四棱台的标高投影图

用多面正投影表达物体时，当水平投影确定以后，其他投影主要起提供物体上各特征点、线、面高度的作用。若能在物体的水平投影中直接注明这些特征点、线、面的高度，那么只用一个水平投影也完全可以确定该物体的空间形状和位置。如图 11.1 所示，正四棱台的投影可以在其水平投影上注出其上、下底面的高程数值 2.000 和 0.000，为了增强图形的立体感，斜面上画上示坡线，为度量其水平投影的大小，再给出绘图比例或画出图示比例尺。这种用水平投影加注高程数值来表示空间形体的单面正投影称为标高投影。

标高投影图包括水平投影、高程数值、绘图比例三要素。

标高投影中的高程数值称为高程或标高，它是以某水平面作为计算基准的，标准规定基准面高程为零，基准面以上高程为正，基准面以下高程为负。在水工图中一般采用与测量一致的基准面（即青岛市黄海海平面），以此为基准标出的高程称为绝对高程。以其他面为基准标出的高程称为相对高程。标高的常用单位是 m，一般不需注明。

11.2 点、直线、平面的标高投影

11.2.1 点的标高投影

首先选择水平面 H 为基准面，规定其高程为零，点 A 在 H 面上方 5m，若在 A 点水平投影的右下角注上其高程数值即 a_5，再加上图示比例尺，就得到了 A 点的标高投影，如图 11.2 所示。

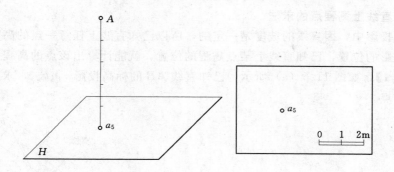

图 11.2　点的直观图及标高投影图

11.2.2　直线的标高投影

11.2.2.1　直线的表示方法

直线的空间位置可由直线上的两点或直线上的一点及直线的方向来确定，相应的直线在标高投影中也有两种表示法：

（1）用直线上两点的高程和直线的水平投影表示，如图 11.3（a）所示。

（2）用直线上一点的高程和直线的方向来表示，直线的方向规定用坡度和箭头表示，箭头指向下坡方向，如图 11.3（b）所示。

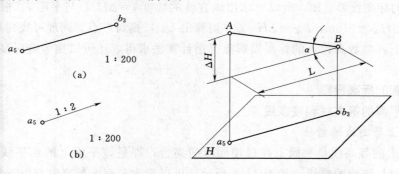

图 11.3　直线标高投影的　　　　图 11.4　直线的坡度和平距
　　　　两种表示方法

11.2.2.2　直线的坡度和平距

直线上任意两点间的高差与其水平投影长度之比称为直线的坡度，用 i 表示。直线两端点 A、B 的高差为 ΔH，其水平投影长度为 L，直线 AB 对 H 面的倾角为 α，如图 11.4 所示，则 i 的计算公式为

$$坡度\ i = \frac{高差\ \Delta H}{水平投影距离\ L} = \tan\alpha$$

在以后作图中还常常用到平距，平距用 l 表示。直线的平距是指直线上两点的高度差为 1m 时水平投影的长度数值，即 $l = L/\Delta H = 1/i$。坡度越大，平距越小；坡度越小，平距越大。

由此可见，平距与坡度互为倒数，它们均可反映直线对 H 面的倾斜程度。

115

11.2.2.3　直线上高程点的求法

在标高投影中，因直线的坡度是一定的，所以已知直线上任意一点的高程就可以确定该点标高投影的位置，已知直线上某点高程的位置，就能计算出该点的高程。

【例11.1】　如图11.5（a）所示，已知直线 AB 的标高投影 $a_{3.5}b_{8.5}$，求直线 AB 段上各整数高程点。

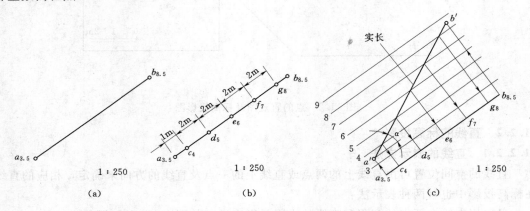

图 11.5　求直线上的整数高程点

（a）已知；（b）计算法求整数高程点；（c）图解法求整数高程点

因直线的标高投影已知，所以可求出该直线的坡度 $i=\Delta H/L$ 与平距 l。根据 C 点到 A 点的高差为 $\Delta H_{AC}=0.5\mathrm{m}$，$L_{AC}=\Delta H_{AC}/i$，可算出 L_{AC}，找到 C 点。同理可找到其他点。

直线段上各整数高程点的标高投影除可用计算法求得，还可以用等分标高投影的方法求得。

11.2.3　平面的标高投影

11.2.3.1　平面的等高线和坡度线

1. 平面上等高线的特性

平面 P 上的等高线是平面上高程相同点的集合，即是该平面上的水平线，其也可以看成是水平面与该面的交线。如图11.6所示，可以看出平面上等高线有以下特性：

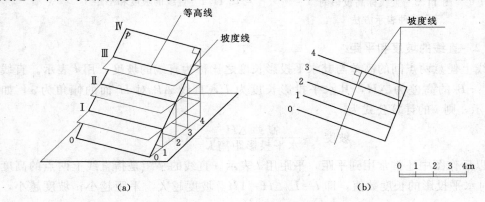

图 11.6　平面的标高投影特性

（a）空间分析；（b）标高投影图

(1) 等高线是直线。

(2) 等高线相互平行。

(3) 等高线间高差相等时，其水平间距也相等。

2. 平面上坡度线的特性

平面 P 上垂直于等高线的直线就是平面上的坡度线，坡度线是平面内对 H 面的最大斜度线，其有以下特性：

(1) 平面上的坡度线与等高线的标高投影相互垂直。

(2) 平面上坡度线的坡度代表该平面的坡度，坡度线对 H 面的倾角 α 代表平面对 H 面的倾角 α，坡度线的平距就是平面上等高线的平距。

11.2.3.2 平面的表示方法

在标高投影中，平面用几何元素的标高投影来表示。常用的表示方法包括以下两种：

(1) 用平面上的一条等高线和一条坡度线（或两条等高线）来表示平面，如图 11.7 (a) 所示。

(2) 用平面上的一条倾斜直线和平面的坡度及大致坡向来表示平面，如图 11.7 (b) 所示。

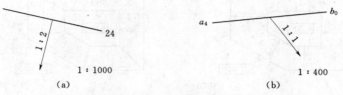

图 11.7 平面的标高投影的表示方法

11.2.3.3 平面内等高线的求法

【**例 11.2**】 求作如图 11.8 (a) 所示平面内高程为 20、17 的等高线，并画出示坡线。

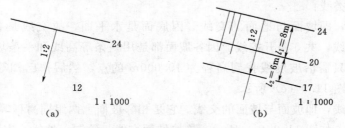

图 11.8 平面中等高线的求法
(a) 已知条件；(b) 作图结果

根据平面上等高线的特性可知，所求等高线与已知等高线平行，又知该平面的坡度（即坡度线的坡度）为 $1:2$，所以求作该平面上的等高线，只需在坡度线上求出各等高线上的一个高程点，然后过该点作已知等高线平行线，如图 11.8 (b) 所示即为所求。

11.3 平面与平面的交线

平面与平面的交线为直线。在标高投影中，求两平面的交线时，通常采用水平面作为辅助平面。水平辅助面与两个相交平面的截交线是两条相同高程的等高线。由此可得：两平面同高程等高线的交点就是两平面的共有点。求出两个共有点，就可以确定两平面交线的投影。

在实际工程中，把建筑物两坡面的交线称为坡面交线，坡面与地面的交线称为坡脚线（填方边界线）或开挖线（挖方边界线）。

【**例 11.3**】　已知地面高程为 10.000m，基坑底面高程为 6.000m，坑底的大小、形状和各坡面坡度已知，如图 11.9（a）所示，完成基坑开挖后的标高投影图。

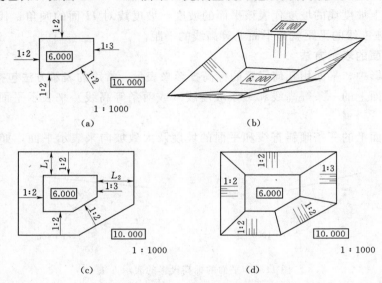

图 11.9　基坑开挖后的标高投影图
(a) 已知条件；(b) 空间分析；(c) 先求作开挖线；(d) 连接坡面交线，绘制示坡线，完成作图

本题需求两类线：

(1) 开挖线，即坡面与地面的交线。因底面是水平面，故交线是各坡面上高程为 10.000m 的等高线，共 5 条开挖线。因各坡面都是用一条等高线和一条坡度线来表示的，所以求作开挖线只需沿坡度线找到高程为 10.000m 的点，然后作已知等高线的平行线，即为开挖线，如图 11.9（c）所示。

(2) 坡面交线，即坡面与坡面的交线。它是相邻坡面上两组同高程等高线的交点的连线，共 5 条直线，如图 11.9（c）所示。连接坡面交线，绘制示坡线，完成作图如图 11.9（d）所示。

11.4　正圆锥面的标高投影

11.4.1　正圆锥面标高投影的表示法

正圆锥面的标高投影也是用一组等高线和坡度线来表示的。正圆锥面的素线是锥面上的坡度线，所有素线的坡度都相等。正圆锥面上的等高线即圆锥面上高程相同点的集合，用一系列等高差水平面与圆锥面相交即得，是一组水平圆，如图 11.10（a）所示。将这些水平圆向水平面投影并注上相应的高程，就得到锥面的标高投影。其等高线的标高投影有如下特性：

（1）等高线是同心圆，如图 11.10（b）所示。

（2）等高线间的水平距离相等，如图 11.10（b）所示。

（3）当圆锥面正立时，等高线越靠近圆心其高程数值越大；当圆锥面倒立时，等高线越靠近圆心其高程数值越小。

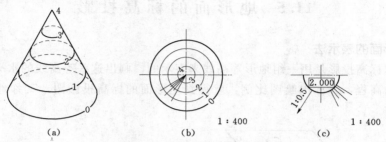

图 11.10　正圆锥面的标高投影

（a）正圆锥面上的等高线；（b）正圆锥面的标高投影；（c）圆台的标高投影

11.4.2　正圆锥面与平面的交线

【例 11.4】　在土坝与河岸的连接处，常用圆锥面护坡。已知各坡面坡度，河底高程为 118.000m。河岸、土坝、圆锥台顶面高程为 130.000m，完成该连接处的标高投影，见图 11.11。

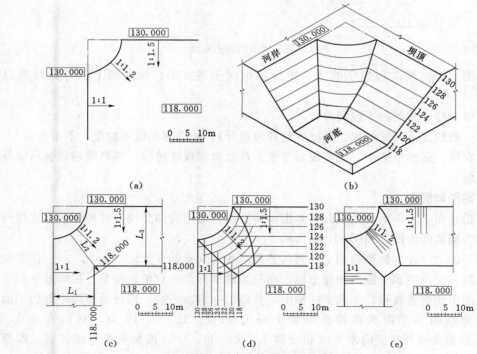

图 11.11　圆台连接处的标高投影图

（a）已知条件；（b）空间分析；（c）先求作坡脚线；（d）再求作坡面交线；（e）画出示坡线，完成作图

本题需求两类交线：

（1）坡脚线。共有三条，其中两斜面与河底面的交线是直线，圆锥面与河底面的交线是圆曲线。

（2）坡面交线。共有两条，它是两斜面与圆锥面的交线，是非圆曲线，该曲线可由斜坡面与圆锥面上一系列同高程等高线的交点确定。

11.5 地形面的标高投影

11.5.1 地形面的表示法

地形面的标高投影是用一组地形等高线来表示的。画出这些等高线的水平投影，注明每条等高线的高程，并标出绘图比例，就得到地形面的标高投影图，又称地形图，如图11.12所示。

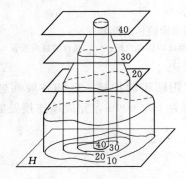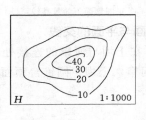

图 11.12 地形图的表示法

地形面上等高线高程数字的字头按规定指向上坡方向。地形图上的等高线有以下特性：

（1）等高线是封闭的不规则曲线。

（2）一般情况下（除悬崖、峭壁等特殊地形外），相邻等高线不相交、不重合。

（3）在同一张地形图中，等高线越密表示该处地面坡度越陡，等高线越稀表示该处地面坡度越缓。

11.5.2 地形断面图

用一铅垂面A—A剖切地形面，画出剖切平面与地形面的交线及材料图例，这样所得的图形称为地形断面图，如图11.13所示。

剖切平面A—A与地形面相交，其与各等高线的交点为1、2、3、…、14。在图纸的适当位置以各交点的水平距离为横坐标，高程为纵坐标作一直角坐标系，根据地形图上的高差，按图中比例将高程标在纵坐标轴上，并画出一组水平线，根据地形图中剖切平面与等高线各交点的水平距离在横坐标轴上标出1、2、3、…、14点，然后自点1、2、3、…、14作铅垂线与相应的水平线相交得Ⅰ、Ⅱ、Ⅲ、…，依次光滑连接各点，即得该断面实形，再画出断面材料符号，即得A—A地形断面图，如图11.13所示。

应当注意，在连点过程中，相邻同高程的两点4、5及11、12在断面图中不能连为直

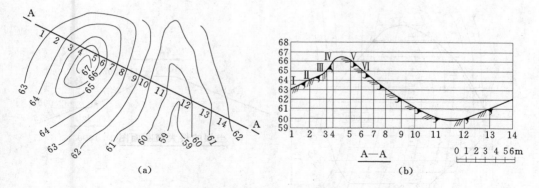

图 11.13 地形断面图的画法

(a) 地形的标高投影；(b) 地形断面图

线，而应按该段地形的变化趋势光滑相连。

11.5.3 地形面与建筑物的交线

修建在地形面上的建筑物必然与地面产生交线，即坡脚线（或开挖线），建筑物本身相邻的坡面也会产生坡面交线。由于建筑物表面一般是平面或圆锥面，所以建筑物的坡面交线一般是直线和规则曲线，这些坡面交线可用前面所讲的方法求得，而建筑物上坡面与地形面的交线，即坡脚线（或开挖线）则是不规则曲线，需求出交线上一系列的点获得。求作一系列点的方法有两种。

（1）等高线法。适用于地形等高线与建筑物同高程等高线的夹角较大的情况。

（2）断面法。适用于地形等高线与建筑物同高程等高线近乎平行的情况。用等高线法不易求得交点时，适用此法。具体做法参见［例 11.6］。

等高线法是常用的方法，只有当相交两面的等高线近乎平行，共有点不易求得时，才用断面法。

【例 11.5】 已知如图 11.14 所示坝址处的地形图和土坝的坝轴线位置及土坝的最大横断面，试完成该土坝的平面图（标高投影图）。

坝顶、马道以及上下游坡面与地面都要产生交线即坡脚线，这些交线均为不规则的曲线。要作出这些交线，应首先在地形图上作出土坝坝顶和马道的投影，然后求出土坝各面上等高线与同高程地面等高线的交点，依次连接这些交点即得坡脚线的标高投影。同时剖切地形面和土坝，作出相应的地形断面图和土坝横断面图，即为 A—A 断面图。

（1）画坝顶。坝顶宽 6m，可自坝轴线向两侧各量 3m，作坝轴线的平行线，得坝顶边线。

（2）定马道位置。在下游高程 32.000m 处有 2m 宽的马道，其上部坡度为 1：2.0，坝顶边线到马道的水平距离为 $L_1 = \dfrac{(41-32)}{(1/2.0)} = 18m$，画距离坝顶边线 18m 的平行线，得到马道的内侧边线；再量取 2m 的宽度，画出马道的外侧边线，马道是高程 32.000m 的水平面，它与地面的交线是地面上高程 32.000m 的一段等高线。

（3）求坝坡坡脚线。坝坡面和地面的交线是曲线，需找出交线上的若干个点，顺序连接即得坡脚线，如图 11.14 所示。

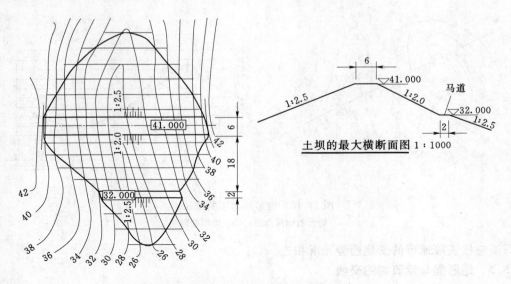

图 11.14 作大坝平面图

1）找坡面等高线。下游坝坡中，马道上下的坡度分别为 1：2.0、1：2.5，以马道为基准，分别算出高差为 2m 时，坡面各等高线距马道边线的距离分别是 4m、5m，且平行于马道边线，找出高程 34.000m、36.000m、38.000m、40.000m、30.000m、28.000m、26.000m 的坡面等高线。

2）找坡脚线。坡面等高线与同高程的地面等高线相交，交点为坡脚上的点，顺序连接各交点即为坡脚线。

对于上游坡面，作图方法与上述方法相同。

【例 11.6】 如图 11.15（a）所示，在山坡上修一个水平场地，场地高程为 30.000m，其中填方边坡坡度为 1：1.5，挖方边坡坡度为 1：1，试完成该场地的标高投影图。

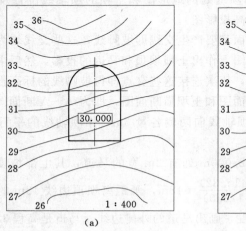

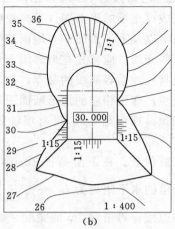

图 11.15 求场地的开挖线（坡脚线）和坡面交线

（a）已知条件；（b）作图结果

　　因为所修水平场地高程为 30.000m，所以一部分高于原地面需要填方，一部分低于原地面需要挖方。高程为 30.000m 的等高线是填、挖方的分界线，它与水平场地边线的交点是填、挖方边界线的分界点，其中填方部分包括三个坡面，都是平面；挖方部分是一个圆锥面和两个与它相切的平面的组合面（因坡度相同）。这些面与不规则地面的交线均为不规则曲线。填方部分的三个坡面相交产生两条坡面交线，挖方部分坡面与圆锥面相切，不产生坡面交线，如图 11.15（b）所示。

　　【例 11.7】　在地形面上修建一条道路，已知路面位置和道路填、挖方的标准断面图，如图 11.16（A—A）所示，试完成道路的标高投影图。

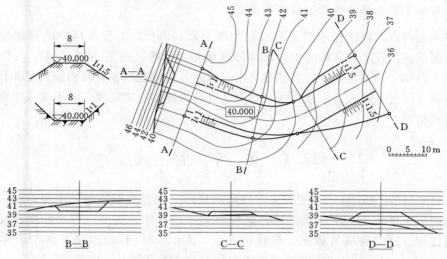

图 11.16　求作道路的标高投影图

　　因该路面高程为 40.000m，所以地面高程高于 40.000m 的一端要挖方，低于 40.000m 的一端要填方，高程为 40.000m 的地形等高线是填、挖方分界线。道路两侧的直线段边坡面为平面，其中间部分的弯道段边坡面为圆锥面，二者相切而连，无坡面交线。各坡面与地面的交线均为不规则的曲线。本例中左边有一段道路坡面上的等高线与地面上的部分等高线接近平行，不易求出共有点，这段交线用断面法来求作比较合适。其他处交线仍用等高线法求作（也可用断面法）。

思　考　题

　　(1) 什么是标高投影？标高投影如何表示？
　　(2) A 点在基准面上方 10m，B 点在基准面下方 5m，A、B 的标高投影如何表示？
　　(3) 直线 a_4b_2 的水平投影长度为 8m，则直线 AB 的坡度 i 为多少？
　　(4) 平面、正圆锥面、地形面的等高线有什么区别？
　　(5) 平面和平面的交线是直线还是曲线？如何绘制？
　　(6) 正圆锥面与平面的交线是直线还是曲线？如何绘制？
　　(7) 地形面与建筑物的交线是直线还是曲线？如何绘制？
　　(8) 什么是地形断面图？如何绘制？

第 12 章　文　字　与　表　格

【学习要求】

（1）掌握文字样式的设置及特殊字符的输入。

（2）了解和掌握单行文字和多行文字的区别、创建方式及修改技巧。

（3）熟练掌握表格的设置、创建及填充。

　　文字和表格在工程图样中都是不可缺少的对象。例如，工程图样中的标题栏及其注写、材料明细表、技术要求和施工要求等的说明和注释等。运用 AutoCAD，可以输入单行文字、多行文字，采用多种方法创建文字。同时，如标题栏、材料明细表等部分，用户可以直接插入设置好样式的表格，并通过对其进行内容填充来实现，而不需采用单独的图线来绘制表格。

12.1　文　字　样　式

　　AutoCAD 使用文字样式来管理文字注释的显示。在为图形增加文字注释前，应首先设置合适的文字样式。文字样式主要用来控制文字的字体、高度，以及颠倒、反向、垂直、宽度比例、倾斜角度等效果。默认情况下，AutoCAD 自动创建了两个名称分别为 Annotative 和 Standard 的文字样式，并且 Standard 被作为默认文字样式。

　　用户可以创建多种文字样式，并通过 AutoCAD 设计中心把创建好的文字样式复制到其他图形中。

12.1.1　命令启动方式

（1）选择【菜单浏览器】 / 【格式】/ 【文字样式】。

（2）单击功能区【常用】选项卡/【注释】面板中的 按钮。

（3）单击功能区【注释】选项卡/【文字】面板中的 按钮。

（4）在命令行中输入 Style✓或 ST✓。

12.1.2　操作步骤

（1）打开"文字样式"命令。单击功能区【常用】选项卡/【注释】面板中的 按钮，激活"文字样式"命令，打开如图 12.1 所示的【文字样式】对话框。

　　默认情况下，文字样式名为 Standard，字体为 txt. shx，高度为 0，宽度比例为 1。

（2）新建文字样式。如要生成新文字样式，可在该对话框中单击 新建(N)... 按钮，打开【新建文字样式】对话框，在【样式名】编辑框中输入文字样式名称"仿宋体"，如图 12.2 所示。单击 确定 按钮，返回【文字样式】对话框。

（3）选择文字字体。在【字体】选项组中取消【使用大字体】复选框，所有 Auto-CAD 编译型（. SHX）字体和已注册的 TrueType 字体都显示在名为【字体名】的列表框

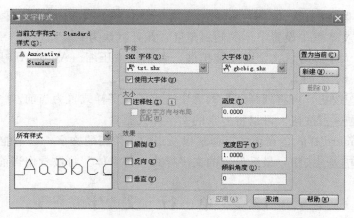

图 12.1　【文字样式】对话框

内，如图 12.3 所示。用户可在该【字体名】下拉列表框中，选择所需的字体"仿宋_GB2312"，结果如图 12.4 所示。

　　若选择 TrueType 字体，则【字体样式】选项框变为如图 12.4 所示。若选择了编译型（.SHX）字体，且勾选了【使用大字体】复选框，则列表框变为如图 12.5 所示的状态，此时可选择所需的大字体，常用字体文件为 gbcbig.shx。

图 12.2　【新建文字样式】对话框

图 12.3　取消【使用大字体】复选框

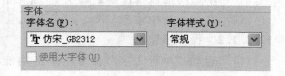

图 12.4　选择 TrueType 字体

（4）输入文字高度。在【大小】选项区的【高度】文本框中设置字体高度。

　　若【高度】设置为 0，输入文字时将被提示指定文字高度。若此处输入文字高度，则下次创建文字时，命令行不再提示输入文字高度，而默认采用此处设置的字高。

图 12.5　选择编译型（.SHX）字体

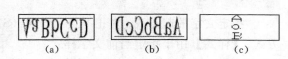

图 12.6　字体效果
（a）颠倒状态；（b）反向状态；（c）垂直状态

（5）效果显示。在【效果】选项区设置文字的显示效果。在【颠倒】复选框中设置文字为倒置状态；在【反向】复选框中设置文字为反向状态；在【垂直】复选框中控制文字为垂直状态，效果如预览图 12.6 所示。

125

（6）设置字体宽高比、倾斜角度。在【宽度因子】文本框内设置字体的宽高比 0.7。在【倾斜角度】文本框中设置字体的倾斜角度，此处默认为 0。

当宽度因子大于 1 时，文字宽度被扩展，否则将被压缩。AutoCAD 只允许文字的倾斜角度在 −85°～85° 之间。

（7）置为当前(C) 按钮，可将【样式】列表中选定的文字样式置为当前。

（8）单击 删除(D) 按钮，可以将多余的文字样式删除。

默认的 Standard 样式、当前文字样式以及当前正使用的文字，都不能被删除。

（9）单击 应用(A) 按钮，最后设置的文字样式"仿宋体"将被看作当前样式。

12.2 单 行 文 字

12.2.1 创建单行文字

"单行文字"命令以单行方式输入文字，可创建单行或多行文字对象，主要用来创建简短的文字项目，例如，标题栏中的信息等。用"单行文字"命令输入文本时，每创建一行文字都将成为一个独立的对象，如图 12.7 所示。

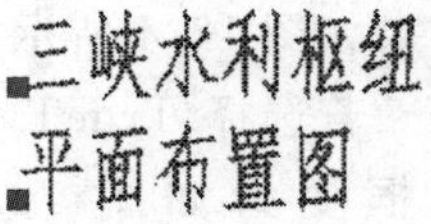

三峡水利枢纽
平面布置图

图 12.7 单行
文字示例

12.2.1.1 命令激活方式

（1）选择【菜单浏览器】 / 【绘图】/【文字】/【单行文字】。

（2）单击功能区【常用】选项卡/【注释】面板中的 AI 按钮。

（3）单击功能区【注释】选项卡/【文字】面板中的 AI 按钮。

（4）在命令行中输入 Dtext✓ 或 DT✓。

12.2.1.2 操作步骤

（1）启动"单行文字"命令。单击功能区【常用】选项卡/【注释】面板中的 AI 按钮，激活"单行文字"命令。命令行出现如下提示：

```
命令：_dtext
当前文字样式："Standard" 文字高度：2.5000 注释性：否
指定文字的起点或 [对正（J）/样式（S）]：          （在绘图区拾取一点作为文字插入点）
指定高度〈2.5000〉：                        （10✓，设置文字高度）
指定文字的旋转角度〈0〉：                    （✓，采用默认倾斜角度）
```

"指定文字的起点或 [对正（J）/样式（S）]："命令行中，【对正】用于设置文字对正方式；【样式】用于指定当前文字样式。

如果文字样式中定义了字体高度，那么在此将不再提示"指定高度〈2.5000〉："，AutoCAD 将采用文字样式中定义的字高。

（2）绘图区出现如图 12.8 所示的单行文字输入框，然后在命令行输入"三峡水利枢纽"，如图 12.9 所示。

（3）按"Enter"键换行，然后在下一行文字命令行中输入"平面布置图"。

（4）连续按两次"Enter"键，结束"单行文字"命令，结果见图 12.10。

三峡水利枢纽　　　　　　　三峡水利枢纽
平面布置图

图 12.8　单行文字输入框　　图 12.9　输入文字　　图 12.10　文字创建结果

12.2.2　文字的对正方式

"单行文字"命令中的【对正】选项主要用于设置文字的对正方式，"对正方式"指的是文字对象的哪一位置与插入点对齐。常用的文字对齐方式共有14 种，其中，除"对齐""布满"外的对正方式如图 12.11 所示。用户可以任意选择一种文字对齐方式，系统默认设置为左对齐。

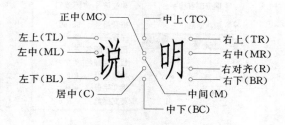

图 12.11　文字对齐方式

12.2.2.1　激活【对正】选项

（1）单击功能区【注释】选项卡/【文字】面板中的 **A** 按钮。

（2）输入命令 justifytext↙

12.2.2.2　操作步骤

单击功能区【注释】选项卡/【文字】面板中的 **A** 按钮，则命令行出现如下提示：

命令：.JUSTIFYTEXT

选择对象：找到 1 个　　　　　　　　　　　　（选择需要调整对齐点的文字对象）

选择对象：　　　　　　　　　　　　　　　　　　（↙，退出对象选择）

输入对正选项［对齐（A）/布满（F）/居中（C）/中间（M）/右对齐（R）/左上（TL）/中上（TC）/右上（TR）/左中（ML）/正中（MC）/右中（MR）/左下（BL）/中下（BC）/右下（BR）］〈左对齐〉：　　　　（R 输入新的对正点，选择右对齐方式）

12.2.3　单行文字中的特殊字符

在进行工程图文字说明时，常需要用到一些特殊符号，如度数、正/负号、直径符号等，使用"单行文字"命令输入某些特殊符号时，可直接输入这些符号的代码。表 12.1 列出了常用符号的输入代码，以及输入实例和输出效果。

表 12.1　　　　　　　　　　常用特殊符号及其代码

输入代码	意　　义	输入实例	输出效果
%%c	直径符号（φ）	%%c60	φ60
%%p	正负符号（±）	50%%p0.5	50±0.5
%%o	文字上划线开关（成对出现）	%%oAB%%oCD	$\overline{\text{AB}}$CD
%%u	文字下划线开关（成对出现）	%%uAB%%uCD	$\underline{\text{AB}}$CD

此外，要输入特殊符号，也可以借助汉字输入法中的软键盘来实现。例如，要输入"×"，可首先切换到汉字输入法，然后打开数学符号软键盘，如图 12.12 所示。接着从图

12.13 所示的软键盘中单击选择▨即可。

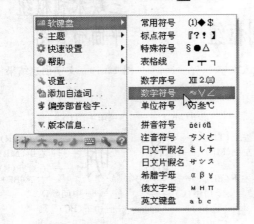

图 12.12　从汉字输入法中打开软键盘

图 12.13　汉字输入法中的软键盘

12.3 多 行 文 字

12.3.1 创建单行文字

"多行文字"命令主要用来创建较复杂的单行、多行或段落性文字，如施工图的说明文字等。相对单行文字而言，多行文字的可编辑性较强，且无论创建文字为多少行，多行文字都将作为一个独立的对象出现，将其选中后，如图 12.14 所示。

■ **说明：**

1、本图尺寸单位除高程、桩号以米计外，其余均以毫米计。

2、土方开挖3609.06m³，土方回填211.12m³。

3、工作桥钢筋总量为：215.1kg，其中：Φ20: 78.7kg。

图 12.14　多行文字示例

12.3.1.1 激活"多行文字"命令

（1）选择【菜单浏览器】▧/【绘图】/【文字】/【多行文字】。

（2）单击功能区【常用】选项卡/【注释】面板中的 **A** 按钮。

（3）单击功能区【注释】选项卡/【文字】面板中的 **A** 按钮。

（4）在命令行中输入 Mtext↙或 MT↙。

12.3.1.2 操作步骤

（1）启动"多行文字"命令。单击功能区【常用】选项卡/【注释】面板中的 **A** 按钮，激活"多行文字"命令。命令行出现如下提示：

命令：mtext

当前文字样式："标注 1" 文字高度：3.75 注释性：否

指定第一角点： 　　　　　　　　　　　　　　　　　　（在绘图区拾取一点）

指定对角点或［高度（H）/对正（J）/行距（L）/旋转（R）/样式（S）/宽度（W）/栏（C）］： 　　　　　　　　　　　　　　　　　　（在绘图区拾取对角点）

（2）设置当前文字字高。屏幕弹出如图 12.15 所示的【多行文字】功能区面板。在【样式】面板的【文字高度】下拉文本框中输入 5，将当前字高设为 5。

常用
块和参照
注释
工具
视图
输出
多行文字
标注1
3.75
样式
粗体
斜体
BYLAYE
设置格式
对正
段落
符号
插入点
查找和替换
拼写检查
选项
关闭文字编辑器
关闭
二维草图与注释

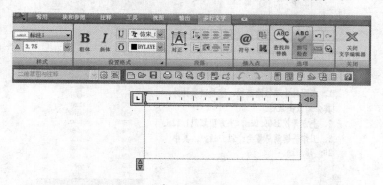

图 12.15 文字编辑面板

（3）输入标题内容。如图 12.16 在下方的文字输入框内输入“说明：”等字样，然后按“Enter”键换行。

（4）输入段落内容。修改当前文字高度为 3.5，然后在如图 12.17 的文字框内输入段落内容如下。

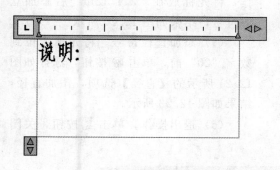

说明：

图 12.16 输入标题

说明：
1、本图尺寸单位除高程、桩号以米计外，
其余均以毫米计。
2、土方开挖3609.06m，土方回填211.12m。
3、工作桥钢筋总量为：215.1kg，其中：
20：78.7kg。

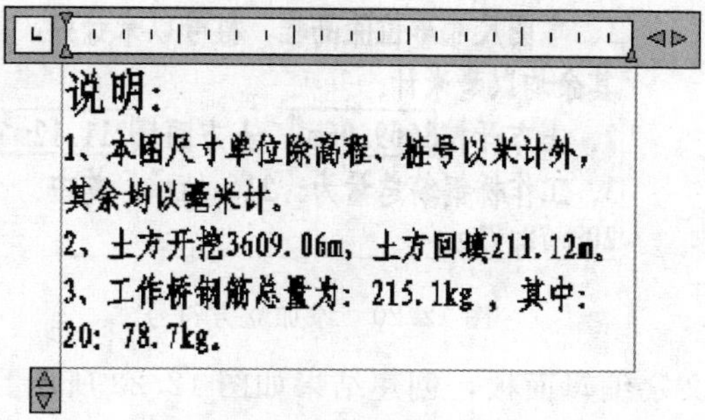

图 12.17 输入段落内容

（5）退出文字编辑。单击按钮，关闭文字编辑面板，创建结果如图 12.18 所示。

说明：
1、本图尺寸单位除高程、桩号以米计外，
其余均以毫米计。
2、土方开挖3609.06m，土方回填211.12m。
3、工作桥钢筋总量为：215.1kg，其中：
20：78.7kg。

图 12.18 多行文字创建

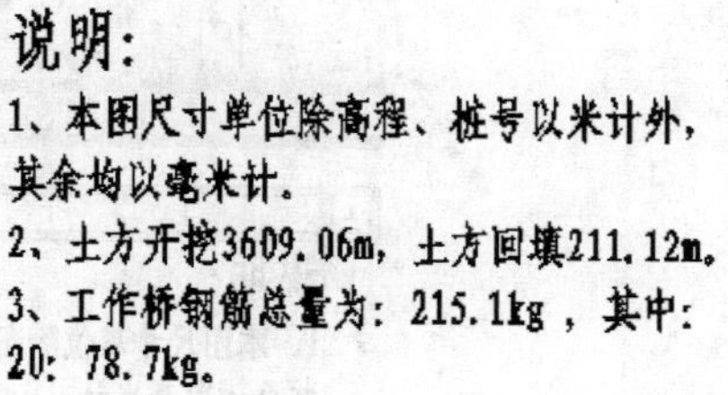

12.3.2 多行文字中的特殊字符

使用“多行文字”命令创建特殊字符。对于一般的符号，可直接单击【文字格式】工具栏中的【符号】按钮工具@就可以输入了。下面通过创建立方、直径符号等特殊符号来学习特殊符号的创建技巧。

12.3.2.1 编辑常用特殊符号操作步骤

（1）打开多行文字编辑面板。继续上例操作，双击段落多行文字。

（2）添加立方符号。将光标定位到“3609.06m”后，单击工具栏中的【符号】按钮@，从弹出的符号菜单中选择【立方】选项，如图 12.19 所示。

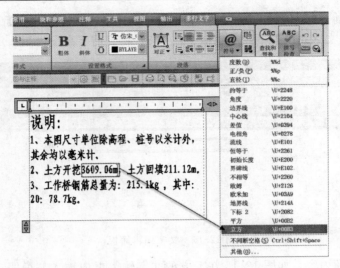

图 12.19 添加立方符号一

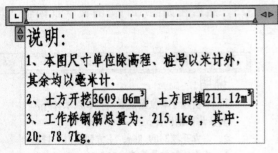

图 12.20 添加立方符号二

文字编辑面板，创建结果如图 12.23 所示。

（3）重复上一操作。立方符号成功添加到"3609.06m"后，重复上一操作，将光标放在"211.12m"后添加立方符号，结果如图 12.20 所示。

（4）添加直径符号。将光标定位到数字"20"前，单击 @ 按钮，选择如图 12.21 所示的【直径】选项，添加直径，结果如图 12.22 所示。

（5）退出操作。单击 按钮，关闭

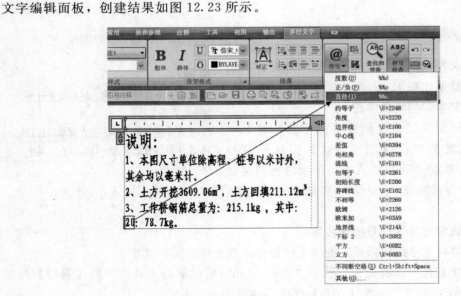

图 12.21 添加直径符号一

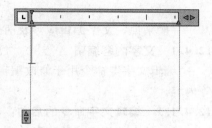

图 12.22　添加直径符号二　　　　　图 12.23　文字创建结果

12.3.2.2　编辑其他特殊符号

通过使用"多行文字"命令中的字符功能，可以非常方便地创建一些特殊符号。但是，如果在【符号】按钮@的下拉菜单中没有找到自己所需要的符号时，可执行如下操作。

（1）执行"多行文字"命令。AutoCAD弹出如图12.24所示的文字输入框。

图 12.24　文字输入框

（2）打开【字符映射表】对话框。单击【文字格式】工具栏中的【符号】按钮@，从弹出的下拉列表中选择【其他】选项，弹出【字符映射表】对话框，如图12.25所示。

（3）选择所需特殊符号。在弹出的【字符映射表】对话框中，在字符列表区单击选择所要的符号♣，然后单击 选择(S) 按钮，使其出现在【复制字符】编辑框中，结果如图12.26所示。

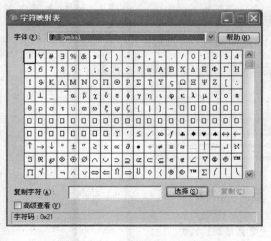

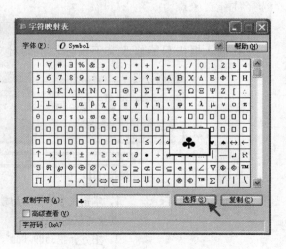

图 12.25　【字符映射表】对话框　　　　图 12.26　选择所需特殊字符

（4）复制该符号。单击 复制(C) 按钮，将选中的符号复制剪贴板，然后关闭【字符映射表】对话框。

131

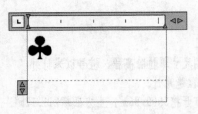

图 12.27　编辑其他特殊符号

（5）粘贴到文字框。按"Ctrl＋V"组合键，将保存在剪贴板中的符号粘贴到文字编辑区，结果如图12.27 所示。

此外，使用"多行文字"命令输入某些特殊符号时，可直接输入这些符号的代码，也可借助汉字输入法中的软键盘来实现。具体操作参照本书 12.2.3 节的内容。

12.4　编 辑 文 字

一般来说，文字编辑应涉及两个方面，即修改文字内容和文本特性。

12.4.1　文字内容编辑

"编辑文字"命令用于修改编辑现有的文字对象内容，或为文字对象添加前缀或后缀等内容。

12.4.1.1　编辑文字命令的启动：

（1）单击功能区【注释】选项卡/【文字】面板中的 按钮。

（2）在命令行中输入 Ddedit↙或 ED↙。

12.4.1.2　操作步骤

（1）编辑单行文字。在命令行中输入命令"ddedit"，则单行文字编辑命令激活。编辑单行文字如图 12.28 所示。命令行提示如下：

图 12.28　编辑单行文字

命令：ddedit　　　　　　　　　　　　　　　　　　　　　　　　　　（↙）
选择注释对象或［放弃（U）］：
（使用光标在图形中选择需要修改的单行文字对象并对文字内容进行修改。）

此输入框内只能修改文字内容，不能对文字其他属性进行修改。

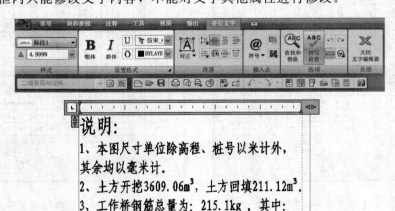

图 12.29　编辑多行文字

（2）编辑多行文字。单击【编辑文字】按钮 $\overline{A_z}$，如图 12.29 所示。命令行提示如下：

> 命令：_ mtedit 选择多行文字对象：
> （使用光标在图形中选择需要修改的多单行文字对象并对文字内容和文本特性进行修改，如图 12.29。）

在弹出的文字编辑器面板内，不但可以修改文字内容，也可以修改文字的样式、字体、字高以及对正方式等特性。

12.4.2 文本特性编辑

12.4.2.1 文本特性命令的启动

（1）单击功能区【视图】选项卡/【选项板】面板中的【特性】按钮 █。

（2）在命令行中输入 Properties↙。

12.4.2.2 操作步骤

（1）文本特性编辑。单击【视图】选项卡/【选项板】面板中的【特性】按钮 █，弹出如图 12.30 所示对话框。

（2）绘图区中选取要修改的文本后，对话框中将看到要修改文本的特性，包括文本内容、样式、高度、旋转角度等特性。用户可在对话框中对这些特性进行修改。

图 12.30 文本特性对话框

12.5 表格的创建与编辑

在实际工程制图中经常出现表格，例如工程量明细表、工程图中的标题栏等，这些都需要使用表格功能来完成。为满足方便、快速地创建、填充表格的需要，AutoCAD 推出了表格功能。在 AutoCAD 的"表格"命令中，"创建表格"和"填充表格文字"两种功能结合在一起，使用户在创建表格后，不需再执行文字命令，就可以为其填充所需的文字内容。

12.5.1 表格样式的创建

用户在创建表格之前，需要先创建表格样式。

12.5.1.1 表格样式命令的启动

(1) 选择【菜单浏览器】 / 【格式】/【表格样式】命令。

(2) 单击【常用】选项卡/【注释】面板中的【表格样式】按钮 。

(3) 单击【注释】选项卡/【表格】面板中的【表格样式】按钮 。

(4) 在命令行输入 Tablestyle✓。

12.5.1.2 操作步骤

(1) 打开【表格样式】对话框。单击【常用】选项卡/【注释】面板中的【表格样式】按钮 ，弹出如图 12.31 所示的【表格样式】对话框，【样式】列表中显示了已创建的表格样式。

AutoCAD 在表格样式中预设了 Standard 样式，该样式第一行是标题行，由文字居中的合并单元行组成，第二行是表头，其他行都是数据行。用户创建自己的表格样式时，就是设定标题、表头和数据行的格式。

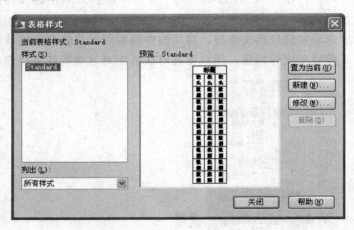

图 12.31 【表格样式】对话框

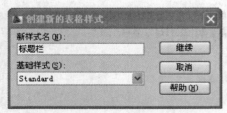

图 12.32 【创建新的表格样式】对话框

(2) 单击【新建】按钮，弹出如图 12.32 所示的【创建新的表格样式】对话框。可以在【新样式名】文本框中输入表格样式名称"标题栏"，在【基础样式】下拉列表框中选择一个表格样式，使之成为新的表格样式的默认设置。

(3) 单击【继续】按钮，弹出如图 12.33 所示的【新建表格样式】对话框，在该对话中可以对样式进行设置，具体设置在 12.5.1.3 节中阐述。

(4) 完成表格样式设置后，单击【确定】按钮，返回如图 12.34 所示的【表格样式】对话框，新定义的样式将显示在【样式】列表框中。单击【关闭】按钮关闭对话框，完成新表格的定义。

12.5.1.3 对话框中各选项区的功能

【新建表格样式】对话框由【起始表格】、【常规】、【预览区】、【单元样式】和【单元

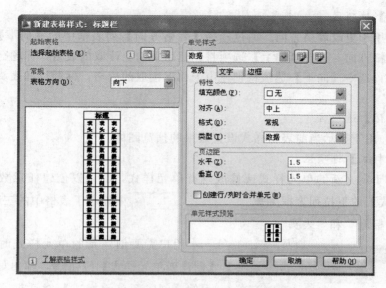

图 12.33　【新建表格样式】对话框

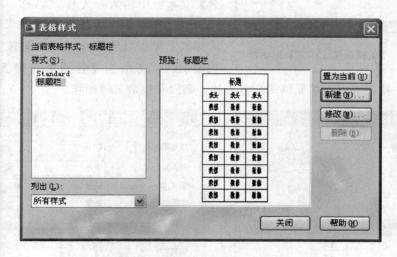

图 12.34　【表格样式】对话框

样式预览】五个选项区组成，下面将分别介绍各选项区的功能。

1.【起始表格】选项区

该选项允许用户在图形中指定一个表格作为样例来设置此表格样式的格式。单击 ▣ 按钮，会临时切换到绘图屏幕，并提示：

选择表格：//单击选中已有表格

在绘图区中选择表格后，返回【新建表格样式】对话框，各对应设置中会显示出该表格的样式设置，可以指定从该表格复制到表格样式的结构和内容。

通过单击【删除表格】按钮 ▣，可以将选中的表格从当前指定的表格样式中删除。

135

2. 【常规】选项区

该选项组用于更改表格方向。通过选择【表格方向】列表框中的【向下】或【向上】选项可设置表格方向。选中【向上】选项将创建由下而上读取的表格，标题行和表头行都在表格的底部；选中【向下】选项将创建由上而下读取的表格，标题行和表头行都位于表格的顶部。

3. 【预览区】选项区

【预览区】用于显示当前表格样式设置效果的预览图像。

4. 【单元样式】选项区

该选项用于定义新的单元样式或修改现有单元样式，也可以创建任意数量的单元样式。【单元样式】的下拉列表框 数据 中显示了表格中的三种单元样式，即"数据"、"标题"和"表头"。

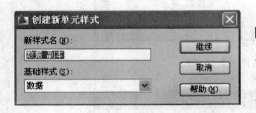

图 12.35 【创建新单元样式】对话框

用户需要创建新的单元样式时，可以单击【创建新单元样式】按钮，弹出如图 12.35 所示的【创建新单元样式】对话框。在【新样式名】文本框中输入单元样式名称，在【基础样式】下拉列表框中选择现有的样式作为参考单元样式。单击【管理单元样式】按钮，弹出如图 12.36 所示的【管理单元样式】对话框，在该对话框中用户可以对单元格式进行添加、删除和重命名等操作。

图 12.36 【管理单元样式】对话框

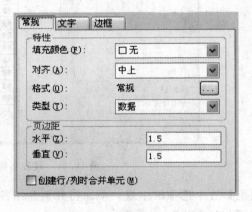

图 12.37 【常规】选项卡

【单元样式】选项区中还提供了【常规】选项卡、【文字】选项卡和【边框】选项卡，分别用于设置表格的基本内容、文字和边框，如图 12.37～图 12.39 所示。

（1）【常规】选项卡用于设置基本特性，如图 12.37 所示。该选项卡包含【特性】和【页边距】两个选项区，其中【特性】选项区用于设置表格单元的填充颜色、表格内容的对齐方式、格式和类型等；【页边距】选项区用于设置单元边框和单元内容之间的水平和垂直间距。【水平】文本框用于设置单元中的文字或块与左右单元边界之间的距离；【垂直】文本框用于设置单元中的文字或块与上下单元边界之间的距离。

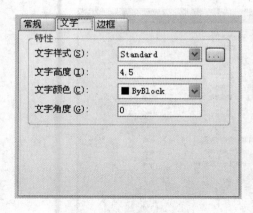

图 12.38 【文字】选项卡

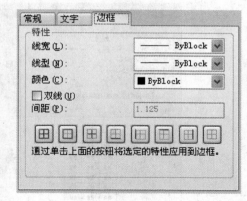

图 12.39 【边框】选项卡

（2）【文字】选项卡如图 12.38 所示，该选项卡用于设置文字特性。【文字样式】下拉列表框用于设置表格中文字的样式。单击 ⬚ 按钮将弹出【文字样式】对话框，在该对话框中可以创建新的文字样式。【文字高度】文本框用于设置文字高度，"数据"和"表头"的默认文字高度为 4.5，标题的默认文字高度为 6。【文字颜色】下拉列表框用于指定文字颜色，用户可以在列表框中选择合适的颜色或者选择【选择颜色】命令，在弹出的【选择颜色】对话框中设置颜色。【文字角度】文本框用于设置文字角度，默认的文字角度为 0°，可以输入−359°～359°之间的任意角度。

（3）【边框】选项卡如图 12.39 所示，该选项卡用于设置边框特性。其中，【线宽】、【线型】和【颜色】下拉列表已在前面多次提到，这里就不再赘述。选中【双线】复选框表示将表格边界显示为双线，此时【间距】文本框为可输入状态，用于输入双线边界的间距，默认间距为 1.125。边界按钮 ⊞ 用于控制单元边界的外观。

5．【单元样式预览】区

【单元样式预览】区用于预览表格单元样式的设置效果。

12.5.2 表格的创建

AutoCAD 可以从 Microsoft Excel 中直接复制表格，并将其作为 AutoCAD 表格对象粘贴到图形中。也可以使用 AutoCAD 提供的"表格"功能创建表格。

12.5.2.1 表格创建命令的启动：

（1）选择【菜单浏览器】 ⬚ /【绘图】/【表格】命令。

（2）单击【常用】选项卡/【注释】面板中的【表格】按钮 ⊞。

（3）单击【注释】选项卡/【表格】面板中的【表格】按钮 ⊞。

（4）在命令行输入 Table✓。

12.5.2.2 【插入表格】对话框中各选项的功能

命令激活后将弹出如图 12.40 所示的【插入表格】对话框。

（1）【表格样式】选项区。可以从 ⬚标题框⬚ ⬚ 下拉列表框中选择已有的表格样式，或单击其后的 ⬚ 按钮，打开【表格样式】对话框，创建新的表格样式。

（2）【插入选项】选项区。用于选择为表格填写数据的方式。其中，【从空表格开始】

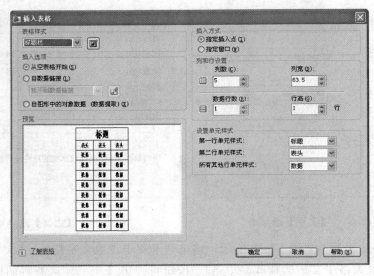

图 12.40 【插入表格】对话框

单选按钮表示创建空表格，然后填写数据。【自数据链接】单选按钮用于为外部电子表格（Excel）中的数据创建表格，可以通过 按钮建立与已有 Excel 数据表中的链接。【自图形中的对象数据（数据提取）】单选按钮可以通过启动数据提取向导来提取图形中的数据。

（3）【预览】窗口。预览当前选中表格的样式。

（4）【插入方式】选项区。用于设置表格插入的具体方式。选中【指定插入点】单选按钮时，需指定表格左上角的位置。如果表格样式将表的方向设置为由下而上读取，则插入点位于表的左下角。选中【指定窗口】单选按钮时，可以在绘图窗口中通过拖动表格边框来创建任意大小和位置的表格。选中此选项时，行数、列数、列宽和行高都取决于窗口的大小以及列和行的设置。

（5）【列和行设置】选项区。用于设置列和行的数目以及大小。

（6）【设置单元样式】选项区。用于指定新表格中行的单元格式。其中，【第一行单元样式】、【第二行单元样式】、【所有其他行单元样式】的下拉列表用于指定表格中第一行、第二行以及其他行的单元样式。默认情况下，三行单元样式分别为"标题"、"表头"和"数据"单元样式。

【例 12.1】 创建如图 12.41 所示的表格。

（1）创建表格样式。单击【常用】选项卡/【注释】面板中的【表格样式】按钮，弹出【表格样式】对话框。

溢洪道坐标		
名称	X	Y
进口 A	987.5	511.0
转弯 B	971.0	495.0
出口 C	851.0	492.5

图 12.41 表格

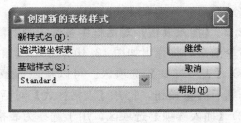

图 12.42 【创建新的表格样式】对话框

（2）单击【表格样式】对话框的【新建】按钮，弹出【创建新的表格样式】对话框，在【新样式名】文本框中入"溢洪道坐标表"，如图12.42所示。

（3）单击【创建新的表格样式】对话框的【继续】按钮，弹出【新建表格样式：溢洪道坐标表】对话框，如图12.43所示。

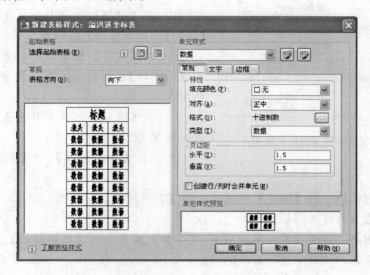

图12.43　【新建表格样式：溢洪道坐标表】对话框

（4）在【单元样式】选项区的下拉列表中选中【数据】选项。

1）在【常规】选项卡中，【对齐】项设为【正中】；单击【格式】选项右边的 按钮，弹出如图12.44所示的【表格单元格式】对话框，在【数据类型】选项区中选择【十进制数】，【格式】选项区中选择【小数】，【精度】下拉列表中选用"0.0"，其余采用默认设置。

2）在【文字】选项卡中，【文字样式】设为【仿宋体】，其余采用默认设置，如图12.45所示。

图12.44　【表格单元格式】对话框

图12.45　设置表格【文字】选项卡

图 12.46 设置表格【边框】选项卡

3）在【边框】选项卡中的选项采用默认设置，如图 12.46 所示。

（5）在【单元样式】选项区的下拉列表中选中【标题】选项。

1）在【常规】选项卡中，【对齐】项设为【正中】，其余采用默认设置。

2）在【文字】选项卡中，【文字样式】设为【仿宋体】，其余采用默认设置，如图 12.45 所示。

3）在【边框】选项卡中的选项采用默认设置，如图 12.46 所示。

然后对【单元样式】中【表头】选项进行

如上设置。

（6）单击对话框中的【确定】按钮返回到【表格样式】对话框，单击对话框中的【关闭】按钮，完成表格样式的创建。

（7）插入表格。单击【常用】选项卡/【注释】面板中的【表格样式】按钮，在弹出的【插入表格】对话框中进行对应的设置，如图 12.47 所示。

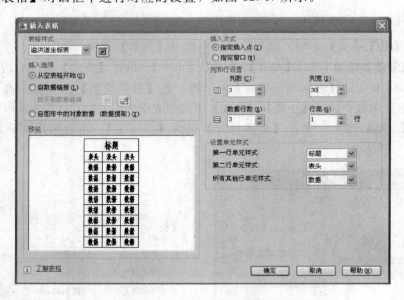

图 12.47 【插入表格】对话框

（8）单击【插入表格】对话框的【确定】按钮，根据提示在绘图区确定表格位置，结果如图 12.48 所示。在表格中输入表格内容，可使用方向键在单元格之间进行切换，结果如图 12.49 所示。

（9）填写完毕，单击【文字格式】工具栏中的【确定】按钮，完成表格的填写，结果如图 12.41 所示。

图 12.48 表格中的文字界面

图 12.49 填写表格

12.5.3 编辑表格

用户可以修改已创建的表格和表中数据，如更改表中文字，更改表格行高、行宽、合并、删除单元格等。

12.5.3.1 编辑表格数据

双击绘图区已有表格的某一单元格，会弹出【文字格式】工具栏，此时，表格显示成编辑模式，如图 12.50 所示。在编辑模式修改表格中的数据后，单击【文字格式】工具栏中的【确定】按钮，即可完成对表格数据的修改。

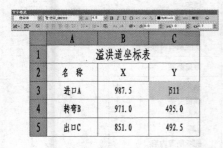

图 12.50 表格文字编辑模式

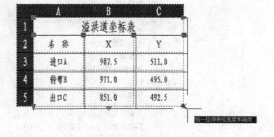

图 12.51 采用夹点功能拉伸表格

12.5.3.2 编辑表格

（1）利用夹点功能修改已有表格的大小。选中表格整体，然后单击选中表格右下角的夹点，采用夹点编辑的方式拖动右下角夹点，实现对整个表格大小的调整，具体操作如图 12.51 所示。

利用【表格】选项卡中的功能面板，可对表格进行各种编辑操作，如插入行、插入列、删除行、删除列及合并单元格等。

（2）利用快捷菜单修改表格。选中整个表格后，单击鼠标右键，弹出如图 12.52（a）所示的快捷菜单。从中可以选择对表格进行【剪切】、【复制】、【删除】、【移动】、【缩放】等简单命令，还可以均匀调整表格的行、列大小，以及删除所有特性替代。

当选中表格单元时，单击鼠标右键，弹出如图 12.52（b）所示的快捷菜单。菜单中主要命令选项的功能如下。

1）【背景填充】。为选中表格单元设置背景。

2）【对齐】。选择表格单元的对齐方式，如左上、左中、正中等。

3）【边框】。选择该命令将打开【单元边框特性】对话框，可以设置单元格边框的线宽、线型、颜色等特性。

4）【匹配单元】。用当前选中的表格单元格式匹配其他表格单元，此时鼠标指针变为刷子形状，单击目标对象即可进行匹配。

5）【插入点】。单击将打开【在表格单元中插入块】对话框，可以从中选择插入到表格中的块，并设置块在表格单元中的对齐方式、旋转角度等特性。

6）【编辑文字】。可对选中表格单元内的文字进行编辑。

图 12.52 修改表格的快捷菜单

（a）选中整个表格时的快捷菜单；（b）选中表格单元时的快捷菜单

思 考 题

一、问答题

（1）如何理解"单行文字"与"多行文字"两个概念？它们在使用中有何区别？

（2）怎样使用"编辑文字"命令来进行单行文字或多行文字的修改？

（3）在"单行文字"或"多行文字"中，怎样进行特殊符号的编辑？

（4）启动创建表格命令的方式有哪些？

二、上机操作

分别使用【文字】和【表格】两种方式，创建并填充如图 12.53 所示的明细表。要求：图中字体为仿宋体，标题字号为 5，表中汉字和数字字号均为 3.5，表格尺寸自定。

大坝细部构造有关工程量表

项 目	规 格	单 位	数 量	备 注
排水沟	C20混凝土	m^3	44.40	坝顶轴线长 240m
混凝土路面	C25混凝土	m^2	1152.00	厚 200mm
石粉渣基层		m^2	1152.00	厚 200mm
混凝土齿墙	C20混凝土	m^3	863.25	上游坝中十上游坝脚

图 12.53 标题栏

第13章 尺 寸 标 注

【学习要求】

（1）掌握尺寸标注样式的设置与修改功能。

（2）熟练掌握线性标注、对齐标注、弧长标注、半径标注、角度标注、基线标注、连续标注等尺寸标注方法。

尺寸标注是图纸的一个重要组成部分，它能更直观地表达图形的尺寸，传达图形不易表达的信息。AutoCAD 为用户提供了一套完整、灵活的标注系统，能设置不同的标注格式，迅速创建符合工程设计标准的尺寸标注。

13.1 标 注 样 式

进行尺寸标注时，是使用当前尺寸样式进行标注的，尺寸的外观及功能取决于当前尺寸样式的设定。一般情况下，默认的样式往往不能满足各种尺寸标注的要求，这就需要对尺寸标注样式进行修改。用户可以在【标注样式管理器】对话框中创建新的尺寸标注样式和管理已有的尺寸标注样式。

13.1.1 命令激活方式

（1）选择【菜单浏览器】 ▲ /【格式】/【标注样式】命令。

（2）单击功能区【常用】选项卡/【注释】面板中的 ▱ 按钮。

（3）单击功能区【注释】选项卡/【标注】面板中的 ▱ 按钮。

（4）在命令行中输入 DimStyle ↙ 或 D ↙。

13.1.2 设置尺寸标注样式

打开【标注样式管理器】对话框，如图 13.1 所示。

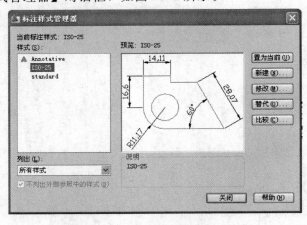

图 13.1 【标注样式管理器】对话框

【标注样式管理器】对话框中的各项功能包括以下几种。

（1）【样式】列表框。显示了当前图形中所有的尺寸标注样式，醒目显示的是当前标注样式。用户用鼠标右键选中后，在弹出的快捷菜单中可选择"置为当前"、"重命名"或"删除"操作等。

（2）【列出】下拉列表框。在下拉列表框中列出所有样式的名称，有"所有样式"、"当前样式"两种，默认的是"所有样式"。

（3）【预览】区。用于实时反映对标注样式所作的更改，方便用户操作。

（4）【置为当前】按钮。单击此按钮，将选中样式设置为当前标注样式。

（5）【新建】按钮。单击该按钮，将弹出如图 13.2 所示【创建新标注样式】对话框。在该对话框中进行样式的各种设置。

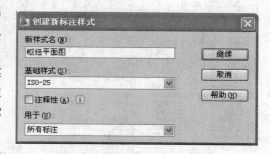

1）在【新样式名】文本框中可输入新建样式名称。为便于管理和应用，新建的标注样式最好输入一个有意义的名称，如图 13.2所示。

2）在【基础样式】下拉列表中，选择一个样式作为基础创建新样式。

图 13.2 【创建新标注样式】对话框

3）在【用于】下拉列表中包含"所有标注"、"线性标注"、"角度标注"、"半径标注"、"直径标注"、"坐标标注"和"引线和公差"，AutoCAD 默认用于"所有标注"。

4）完成设置后，单击【继续】按钮，弹出【新建标注样式】对话框，如图 13.3 所示，用户可进行样式的各种设置。

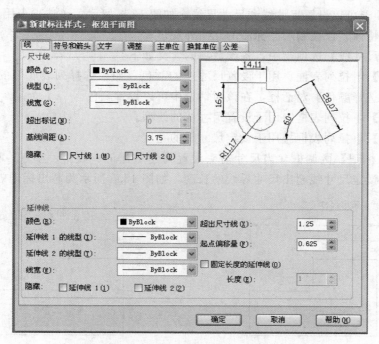

图 13.3 【新建标注样式】对话框

（6）【修改】按钮。单击该按钮，弹出【修改标注样式】对话框，用户可以使用该对话框对选中标注样式的各种设置进行修改。

（7）【替代】按钮。单击【替代】按钮，弹出【替代当前样式】对话框，在该对话框中用户可以设置临时的尺寸标注样式，用来替代当前尺寸标注样式的相应设置。当某一尺寸形式在图形中出现较少时，可以避免创建新样式，而在现有的某个样式基础上作出修改后进行标注。设置替代样式后，替代样式会一直起作用，直到取消替代。

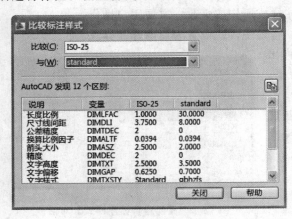

图 13.4 【比较标注样式】对话框

（8）【比较】按钮。单击该按钮打开【比较标注样式】对话框，用户可利用该对话框对当前已创建的样式与其他样式进行比较，找出区别，如图 13.4 所示。也可以显示一种标注样式的所有标注。

13.1.3 新建尺寸样式

【标注样式管理器】对话框中点击【新建】、【修改】和【替代】按钮弹出的对话框，除标题不同外，其余完全一样，因此以【新建标注样式】对话框为例说明对话框的操作。

【新建标注样式】对话框如图 13.3 所示，包括七个选项卡：【线】、【符号和箭头】、【文字】、【调整】、【主单位】、【换算单位】以及【公差】，下面分别进行说明。

13.1.3.1 【线】选项卡

【线】选项卡可以设置尺寸线和尺寸界线，如图 13.3 所示。该选项卡用于设置尺寸线和尺寸界线的特性，以控制尺寸标注的几何外观。

（1）在【尺寸线】选项组中，各参数项的含义如下：

1）【颜色】下拉列表框。用于设置尺寸线的颜色。如果选择列表底部的【选择颜色】选项将弹出【选择颜色】对话框，在该对话框中可以设置颜色。

2）【线型】下拉列表框。用于设置尺寸线的线型。

3）【线宽】下拉列表框。用于设定尺寸线的宽度。

4）【超出标记】微调框。当尺寸箭头设置为建筑标记、倾斜、小点、积分和无标记时，该项用于设定尺寸线超出尺寸界线的长度，如图 13.5 所示为超出标记效果。

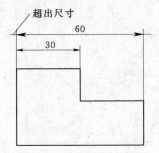

图 13.5 超出标记效果

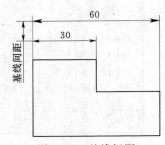

图 13.6 基线间距

5）【基线间距】选项。决定了平行尺寸线间的距离。例如：相邻尺寸线间的距离由该选项控制，如图 13.6 所示。

6）【隐藏】选项。该项包含两个复选框【尺寸线 1】和【尺寸线 2】，分别控制是否显示尺寸线第 1 段和第 2 段。对于对称图形的尺寸线标注，一般与尺寸界线的隐藏一起使用，如图 13.7 所示。

（2）在【延伸线】选项组中，各参数项的含义如下：

1）【颜色】下拉列表框。用于设置尺寸界线的颜色。

2）【延伸线 1 的线型】和【延伸线 2 的线型】下拉列表框分别用于设置第 1 条延伸线和第 2 条延伸线的线型。

3）【线宽】下拉列表框。用于设定尺寸界线的宽度。

4）【隐藏】复选框。用于控制尺寸界线的显示。【延伸线 1】、【延伸线 2】复选框分别用于控制第 1 条尺寸界线和第 2 条尺寸界线的显示，如图 13.7 所示为分别隐藏"延伸线 2"后的效果。

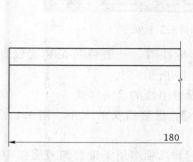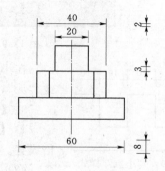

图 13.7　隐藏"尺寸线 2"和　　　　　　图 13.8　【延伸线】选项组
"延伸线 2"的结果　　　　　　　　　　标注尺寸示例

5）【超出尺寸线】微调框。用于设定尺寸界线超过尺寸线的长度。如图 13.8 所示为尺寸界线"超出尺寸线"为 2 时的效果。

6）【起点偏移量】微调框。用于设置尺寸界线相对于尺寸界线起点的偏移距离。图 13.8 所示的起点偏移量为 3 时的标注效果。

7）【固定长度的延伸线】选项。用于设置尺寸界线的固定长度，如图 13.8 所示为尺寸界线固定长度为 8 时的效果。

13.1.3.2　【符号和箭头】选项卡

该选项卡如图 13.9 所示，由【箭头】、【圆心标记】、【折断标注】、【弧长符号】、【半径折弯标注】和【线性折弯标注】选项组组成，各选项组的功能如下。

（1）其中在【箭头】选项组中，各参数项的含义如下：

1）【第一个】。设置第一条尺寸线的箭头类型。当改变第一个箭头的类型时，第二个箭头自动改变以匹配第一个箭头。

2）【第二个】。设置第二条尺寸线的箭头类型。当改变第二个箭头的类型时不影响第一个箭头的类型。

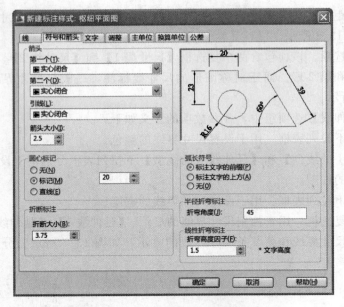

图 13.9　【符号和箭头】选项卡

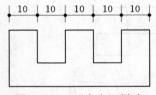

图 13.10　"小点"样式
的应用

在小尺寸连续标注时，一般将箭头样式设置为"小点"或"无"，如图 13.10 所示。

3）【引线】。设置引线的箭头样式。

4）【箭头大小】。设置箭头的大小。箭头长度宜为 4～5 倍线宽。

（2）【圆心标记】选项组用于设置圆或圆弧中心的标记类型和大小，其中各参数项的含义如下。

1）【无】。表示不设置圆心标记。

2）【标记】。用于设置圆心标记的类型和大小，如图 13.11 所示。

3）【直线】。用于圆心中心线设置，如图 13.12 所示。

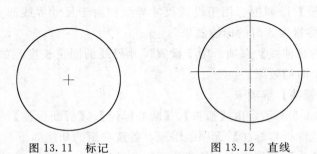

图 13.11　标记　　　　　　图 13.12　直线

（3）在【弧长符号】选项用于控制弧长标注中圆弧符号的显示与否和显示位置，如图 13.13 所示。

（4）【折断标注】选项通过【折断大木】微调框设置折断标注的间距宽度。

（5）【半径折弯标注】选项主要用于控制折弯（Z 字形）半径标注的显示。折弯半径

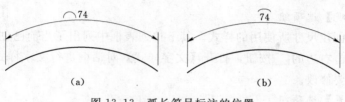

图 13.13 弧长符号标注的位置

(a) 标注文字的前级；(b) 标注文字的上方

标注通常在半径十分大时创建。用户可以在"折弯角度"文本框中输入弯折角度，图 13.14 分别是折弯角度为 45°和 90°的效果。

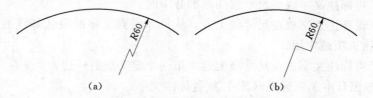

图 13.14 弧长半径折弯角度

(a) 折弯角度 45°；(b) 折弯角度 90°

（6）【线性折弯标注】选项在【线性折弯标注】选项组，可设置线性标注折弯的显示。在【折弯高度因子】文本框中，通过形成折弯角度的两个顶点之间的距离 h 来确定折弯高度，如图 13.15 所示。

13.1.3.3 【文字】选项卡

该选项卡如图 13.16 所示，由【文字外观】、【文字位置】和【文字对齐】三个选项组组成，用于设置标注文字的格式、位置及对齐方式等特性。

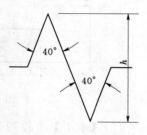

图 13.15 折弯高度

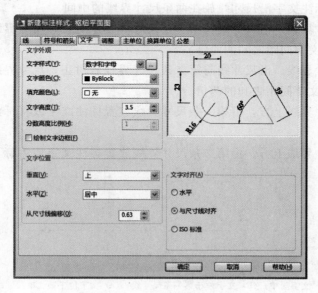

图 13.16 【文字】选项卡

1. 【文字外观】选项组

用于选择或创建尺寸所使用的样式。其下拉列表框中列出了当前已创建的所有文字样式名称。也可单击右边的 按钮，打开【文字样式】对话框进行文字样式的创建或修改。其他项一般不需要修改。

2. 【文字位置】选项组

用于设置设置标注文字的位置。

(1) 【垂直】下拉列表框。用于设置标注文字沿尺寸线在垂直方向上的对齐方式，系统提供了四种对齐方式。

1) 居中。将标注文字放在尺寸线的两部分中间。

2) 上方。将标注文字放在尺寸线上方，从尺寸线到文字的最低基线的距离就是当前的文字间距，该选项最常用。

3) 外部。将标注文字放在尺寸线上远离第一个定义点的一边。

4) JIS。按照日本工业标准（JIS）放置标注文字。

图 13.17 所示为文字在垂直方向上不同位置的效果。

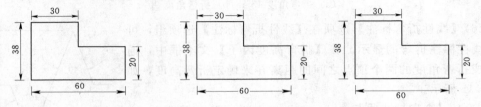

图 13.17 尺寸文字在尺寸线垂直方向上的不同位置

(2) 【水平】下拉列表框。用于设置标注文字沿尺寸线和尺寸界线在水平方向上的对齐方式，系统提供了五种对齐方式。

1) 居中。将标注文字沿尺寸线放在两条尺寸界线的中间。

2) 第一条尺寸界线。沿尺寸线与第一条尺寸界线左对正，尺寸界线与标注文字的距离是箭头大小加上文字间距之和的两倍。

3) 第二条尺寸界线。沿尺寸线与第二条尺寸界线右对正，尺寸界线与标注文字的距离是箭头大小加上文字间距之和的两倍。

4) 第一条尺寸界线上方。沿第一条尺寸界线放置标注文字或将标注文字放在第一条尺寸界线之上。

5) 第二条尺寸界线上方。沿第二条尺寸界线放置标注文字或将标注文字放在第二条

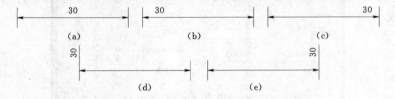

图 13.18 文字在不同水平位置的效果

(a) 文字居中；(b) 文字位于第一条尺寸线；(c) 文字位于第二条尺寸线；
(d) 文字位于第一条尺寸界限上方；(e) 文字位于第二条尺寸界限上方

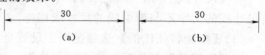

尺寸界线之上。

图 13.18 所示为水平方向上文字不同位置的效果。

（3）【从尺寸线偏移】微调框用于设置文字与尺寸线的间距，偏移尺寸分别为 1 和 2 的效果如图 13.19 所示。

图 13.19　从尺寸线偏移效果
（a）从尺寸线偏移距离为 1；（b）从尺寸线偏移距离为 2

3.【文字对齐】选项区

（1）【水平】。表示标注文字沿水平线放置。

（2）【与尺寸线对齐】。表示标注文字沿尺寸线方向放置。

（3）【ISO 标准】。表示当标注文字在尺寸界线内时沿尺寸线的方向放置，当标注文字在尺寸界线外侧时则水平放置标注文字。

13.1.3.4　【调整】选项卡

如图 13.20 所示，该选项卡由【调整选项】、【文字位置】、【标注特征比例】和【优化】四个选项组组成，用于控制标注文字、箭头、引线和尺寸线的放置。

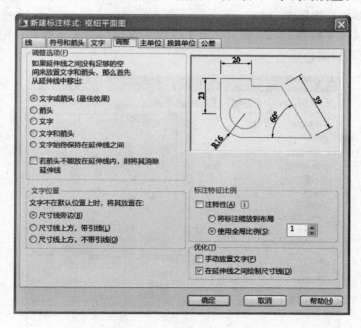

图 13.20　【调整】选项卡

（1）【调整选项】选项组用于控制尺寸界线之间文字和箭头的位置。如果有足够大的空间，文字和箭头都将放在尺寸界线内。否则，将按照【调整选项】放置文字和箭头。

（2）【文字位置】选项组用于设置标注文字从默认位置（由标注样式定义的位置）移动时标注文字的位置。

1）【尺寸线旁边】单选按钮。如果选中，只要移动标注文字，尺寸线就会随之移动。

2）【尺寸线上方，带引线】单选按钮。如果选中，移动文字时尺寸线将不会移动。如果将文字从尺寸线上移开，将创建一条连接文字和尺寸线的引线。当文字非常靠近尺寸线时，将省略引线。

3)【尺寸线上方，不带引线】单选按钮。如果选中，移动文字时尺寸线不会移动。远离尺寸线的文字不与带引线的尺寸线相连。

（3）【标注特征比例】选项组用于设置全局标注比例值或图纸空间比例。

1)【注释性】复选框。选中该复选框，则指定标注为注释性标注。

2)【将标注缩放到布局】单选按钮。根据当前模型空间视口和图纸空间之间的比例确定比例因子。

3)【使用全局比例】单选按钮。对全部尺寸标注设置缩放比例，该比例不会改变尺寸的实际测量值。

（4）【优化】选项组提供了用于放置标注文字的其他选项。

1)【手动放置文字】复选框。表示忽略所有水平对正设置并把文字放在"尺寸线位置"提示下指定的位置。

2)【在延伸线之间绘制尺寸线】复选框。表示即使箭头放在测量点之外，也在测量点之间绘制尺寸线。

13.1.3.5 【主单位】选项卡

【主单位】选项卡如图 13.21 所示，用于设置主单位的格式及精度，同时还可以设置标注文字的前缀和后缀。

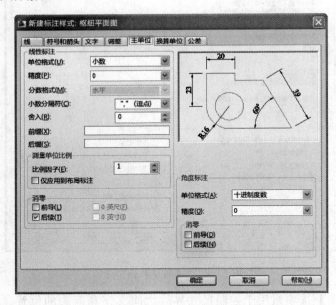

图 13.21 【主单位】选项卡

（1）【线性标注】选项组中可以设置线性标注单位的格式及精度。

1)【单位格式】下拉列表框用于设置所有尺寸标注类型（除了角度标注）的当前单位格式。

2)【精度】下拉列表框用于设置在十进制单位下用多少小数位来显示标注文字。

3)【分数格式】下拉列表框用于设置分数的格式。

4）【小数分隔符】下拉列表框用于设置小数格式的分隔符号。

5）【舍入】微调框用于设置所有尺寸标注类型（除角度标注外）的测量值的取整的规则。

6）【前缀】微调框用于对标注文字加上一个前缀，如直径符号 φ。

7）【后缀】微调框用于对标注文字加上一个后缀，如公差代号等。

（2）【测量单位比例】选项组用于确定测量时的缩放系数。

【比例因子】文本框用于设置线性标注测量值的比例因子。例如，如果输入 2，则 1mm 直线的尺寸将显示为 2mm，经常用到水利制图中。绘制 1：50 的图形，比例因子为 50；绘制 2：1 的图形，比例因子为 0.5。该值不应用到角度标注，也不应用到舍入值或者正负公差值。

（3）【消零】选项组用于控制是否显示前导 0 或尾数 0。

（4）【角度标注】选项组用于设置角度标注的单位格式和精度。

1）【单位格式】下拉列表框用于设置角度标注的当前单位格式。

2）【精度】下拉列表框用于设置在十进制度数单位下用多少位小数来显示标注角度。

13.1.3.6 【换算单位】选项卡

【换算单位】选项卡如图 13.22 所示，用于指定标注测量值中换算单位的显示，并设置其格式和精度，只有选择【显示换算单位】后才能进行设置。对于国内用户来说一般不用设置此项。

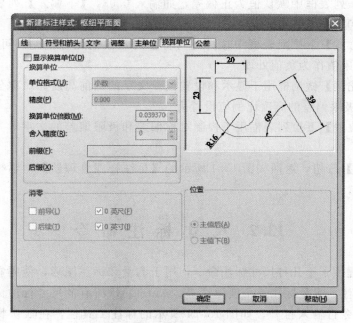

图 13.22 【换算单位】选项卡

13.1.3.7 【公差】选项卡

【公差】选项卡如图 13.23 所示，此选项卡一般只需要设置【公差格式】选项组。

（1）【方式】下拉列表框。

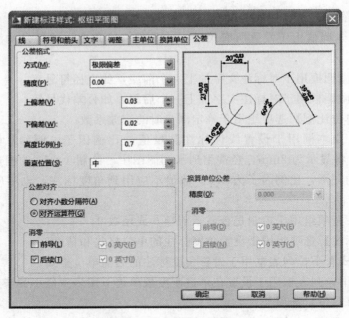

图 13.23 【公差】选项组

1）当在【方式】下拉列表框中选择【极限偏差】时，【精度】下拉列表框设定为 0.00。【上偏差】列表框中默认值为正偏差，如输入 0.03，【下偏差】列表框中默认值为负偏差，故对－0.02 只需输入 0.02。

2）当在【方式】下拉列表框中选择【对称】时，仅输入上偏差即可。AutoCAD 自动把下偏差的输入值作为负值处理。

（2）【高度比例】微调框用于显示和设置偏差文字的当前高度。对称公差的高度比例应设置为 1，而极限偏差的高度比例应设置为 0.7。

（3）【垂直位置】下拉列表框用于控制对称偏差和极限偏差的文字对齐方式，应设置为"中"。

单击【确定】按钮，返回如图 13.1 所示的【标注样式管理器】对话框，即完成尺寸标注样式的设置。

13.2　尺 寸 标 注 命 令

AutoCAD 提供了十几种尺寸标注命令，用于测量和标注图形，使用它们可以进行线性标注、对齐标注、半径标注及角度标注等，AutoCAD 所有的尺寸标注命令均可通过菜单、工具条和命令行输入打开。如图 13.24 所示的标注工具栏，在默认状态下是不显示的，用户可以在任一工具条上右击，从弹出的快捷菜单中选择【标注】命令，即可打开【标注】工具栏。

图 13.24 【标注】工具栏

13.2.1　线性尺寸标注

"线性标注"能标注水平尺寸和垂直尺寸。

13.2.1.1　"线性尺寸标注"启动方式

（1）选择【菜单浏览器】 / 【标注】/【线性】。

（2）单击功能区【常用】选项卡/【注释】面板中的 按钮。

（3）单击功能区【注释】选项卡/【标注】面板中的 按钮。

（4）在命令行中输入 Dimlinear ↙ 或 Dimlin ↙。

13.2.1.2　操作步骤

激活"线性标注"命令后，命令行提示如下：

命令：-dimlinear
指定第一条延伸线原点或＜选择对象＞：　　　　　（拾取第一条尺寸界线的原点）
指定第二条延伸线原点：　　　　　　　　　　　　（拾取第二条尺寸界线的原点）
指定尺寸线位置或［多行文字（M）/文字（T）/角度（A）/水平（H）/垂直（V）/旋转（R）］：
　　　　　　　　　　　　　　　　　　　　　　（一般移动光标指定尺寸线位置）

标注文字＝60

执行结果如图 13.25 所示，*AB* 长度尺寸为 60。

13.2.1.3　命令行中各项功能

（1）【尺寸线位置】。用于确定尺寸线和标注文字的位置。

（2）【多行文字（M）】。打开【多行文字】对话框，用户可用它来编辑标注文字，可以通过文字编辑器来添加前缀或后缀，如直径符号 ϕ。

（3）【文字（T）】。表示在命令行输入替代测量值的标注文字。

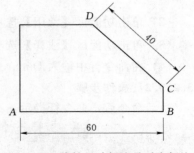

图 13.25　线性尺寸标注及对齐标注

（4）【角度（A）】。用于设置标注文字的倾斜角度。

（5）【水平（H）/垂直（V）】。强制生成水平或垂直线性尺寸标注。

（6）【旋转（R）】。设置尺寸线的旋转角度，创建旋转线性标注。

命令行中的【水平】、【垂直】和【旋转】都是线性标注特有的选项，如图 13.26 显示的水平线性标注、垂直线性标注和旋转 138°的线性标注效果。

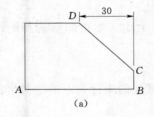　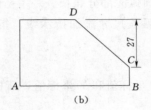　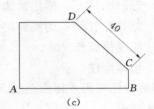

(a)　　　　　　　　　　　(b)　　　　　　　　　　　(c)

图 13.26　线性标注效果
（a）水平线性标注；（b）垂直线性标注；（c）旋转线性标注

13.2.2 对齐尺寸标注

"对齐尺寸标注"可以创建与指定位置或对象平行的标注，在对齐标注中，尺寸线平行于尺寸界线原点连成的直线。选择【标注】/【对齐】命令，或单击对齐标注按钮 来完成对齐标注。

13.2.2.1 "对齐尺寸标注"启动方式

（1）单击【菜单浏览器】 /【标注】/【对齐】。

（2）单击功能区【常用】选项卡/【注释】面板中的 按钮。

（3）单击功能区【注释】选项卡/【标注】面板中的 按钮。

（4）在命令行中输入 Dimligned 或 Dimali 。

13.2.2.2 操作步骤

操作步骤与线性标注类似。执行结果如图 13.25 所示，*CD* 长度尺寸为 40。

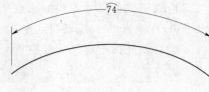

图 13.27 弧形标注效果

13.2.3 弧长标注

"弧长标注"用于测量圆弧或多段线弧线段上的距离，如图 13.27 所示。

13.2.3.1 "弧长标注"激活方式

（1）单击【菜单浏览器】 /【标注】/【弧长】。

（2）单击功能区【常用】选项卡/【注释】面板中的 按钮。

（3）单击功能区【注释】选项卡/【标注】面板中的 按钮。

（4）在命令行中输入 Dimarc 。

13.2.3.2 操作步骤

激活命令后，命令行提示：

> 选择弧线段或多段线弧线段： （选择需要标注的弧线段）
> 指定弧长标注位置或［多行文字(M)/文字(T)/角度(A)/部分(P)/引线(L)］：
> （拖动鼠标在弧上侧拾取一点，指定尺寸线位置）
> 标注文字＝74

执行结果如图 13.27 所示，弧长尺寸 74。

13.2.3.3 命令行中各项功能

（1）"部分（P）"：标注所选圆弧的部分弧长。

（2）"引线（L）"：为圆弧的弧长尺寸添加指示线，指示线一端指向所选择的圆弧对象，另一端连接弧长尺寸。

13.2.4 坐标标注

"坐标标注"用于标注点的 *X* 坐标值和 *Y* 坐标值，所标注的坐标为点的绝对坐标，如图 13.28 所示。

13.2.4.1 "坐标标注"激活方式

（1）单击【菜单浏览器】 /【标注】/【坐标】。

（2）单击功能区【常用】选项卡/【注释】面板中的 按钮。

（3）单击功能区【注释】选项卡/【标注】面板中的 按钮。

（4）在命令行中输入 Dimordinate ↙或 Dimord ↙。

13.2.4.2 操作步骤

激活命令后，命令行提示：

指定点坐标： （捕捉点）

指定引线端点或［X 基准（X）/Y 基准（Y）/多行文字（M）/文字（T）/角度（A）］：

（拖动鼠标定位引线端点）

执行结果如图 13.28 所示。

13.2.4.3 命令行中各项功能

（1）"X 基准（X）"：标注 X 坐标。

（2）"Y 基准（X）"：标注 Y 坐标。

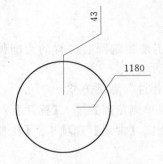

图 13.28 点坐标标注示例

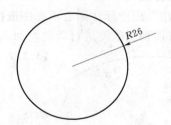

图 13.29 半径标注效果

13.2.5 半径标注

"半径标注"用于标注圆或圆弧的半径，如图 13.29 所示。

13.2.5.1 "坐标标注"激活方式

（1）单击【菜单浏览器】 /【标注】/【半径】。

（2）单击功能区【常用】选项卡/【注释】面板中的 按钮。

（3）单击功能区【注释】选项卡/【标注】面板中的 按钮。

（4）在命令行中输入 Dimradius ↙或 Dimrad ↙。

13.2.5.2 操作步骤

激活命令后，命令行提示：

选择圆弧或圆： （选择需要标注的圆或弧对象）

标注文字 = 26

指定尺寸线位置或［多行文字（M）/文字（T）/角度（A）］： （拖动鼠标指定尺寸线位置）

执行结果如图 13.29 所示的 *R*26。

13.2.6 直径标注

"直径标注"用于标注圆或圆弧的直径，如图 13.30 所示。

13.2.6.1 "直径标注"激活方式

（1）单击【菜单浏览器】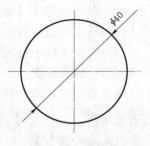/【标注】/【直径】。

（2）单击功能区【常用】选项卡/【注释】面板中的⊘按钮。

（3）单击功能区【注释】选项卡/【标注】面板中的⊘按钮。

（4）在命令行中输入 Dimdiameter↙ 或 Dimdia↙。

图 13.30　直径标注效果

13.2.6.2　操作步骤

激活命令后，命令行提示：

选择圆弧或圆：	（选择需要标注的圆或弧对象）
标注文字 = 40	
指定尺寸线位置或［多行文字(M)/文字(T)/角度(A)］：	（拖动鼠标指定尺寸线位置）

执行结果如图 13.30 所示的 ϕ40。

13.2.7　折弯标注

"折弯标注"用于标注圆心不在图纸范围内或不便指定圆心位置的大圆弧半径，引线的折弯角度可以根据需要进行设置，如图 13.31 所示。

图 13.31　折弯标注效果

13.2.7.1　"折弯标注"激活方式

（1）单击【菜单浏览器】/【标注】/【折弯】。

（2）单击功能区【常用】选项卡/【注释】面板中的按钮。

（3）单击功能区【注释】选项卡/【标注】面板中的按钮。

（4）在命令行中输入 Dimjogged↙。

13.2.7.2　操作步骤

激活命令后，命令行提示：

选择圆弧或圆：	（单击选中圆弧或圆）
指定图示中心位置：	（拖动鼠标单击一点作为折弯线的起点）
标注文字 = 60	
指定尺寸线位置或［多行文字(M)/文字(T)/角度(A)］：	（指定尺寸线的位置结束命令）
指定折弯位置：	（单击一点作为折弯位置）

执行结果如图 13.31 所示。

13.2.8　角度标注

"角度标注"用于标注圆、圆弧或两线间的夹角。

13.2.8.1　"角度标注"激活方式

（1）单击【菜单浏览器】/【标注】/【角度】。

（2）单击功能区【常用】选项卡/【注释】面板中的△按钮。

（3）单击功能区【注释】选项卡/【标注】面板中的△按钮。

（4）在命令行中输入 Dimangular ↙ 或 DAN ↙。

13.2.8.2 操作步骤

激活命令后，命令行提示：

选择圆弧、圆、直线或 ＜指定顶点＞： （用鼠标拾取圆、圆弧）
直线或↙

根据响应命令提示不同，有四种角度标注方法。

（1）标注圆弧的圆心角，如图 13.32（a）所示。

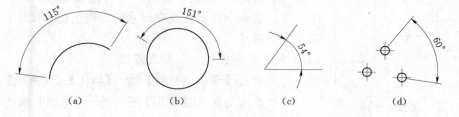

(a)   (b)   (c)   (d)

图 13.32　角度标注效果

(a) 圆弧角度；(b) 圆上弧段；(c) 两条非平行直线之间的夹角；(d) 三点角度标注

在上述提示下，选择圆弧，命令行将提示：

指定标注弧线位置或 ［多行文字（M）/文字（T）/角度（A）/象限点（Q）］：

（拖动鼠标将尺寸放置在适当位置，单击即完成标注）

标注文字＝115

（2）标注圆上某段圆弧的圆心角，如图 13.32（b）所示。

选择圆（选择点即为角的第一个端点），命令行将提示：

指定角的第二个端点： （指定圆上另一点）
指定标注弧线位置或 ［多行文字（M）/文字（T）/角度（A）/象限点（Q）］：

（在适当位置指定一点，定位尺寸线位置）

标注文字＝151

（3）标注两条不平行直线的夹角，如图 13.32（c）所示。

选择直线，命令行将提示：

选择第二条直线： （单击另一直线）
指定标注弧线位置或 ［多行文字（M）/文字（T）/角度（A）/象限点（Q）］：

（在适当位置指定一点，定位尺寸线位置）

标注文字＝54

（4）根据指定的三点标注角度，如图 13.32（d）所示，选择角度标注命令后，直接按"Enter"键，则命令行提示：

指定角的顶点：	（单击左下角顶点）
指定角的第一个端点：	（单击第一个端点）
指定角的第二个端点：	（单击第二个端点）
指定标注弧线位置或［多行文字（M）/文字（T）/角度（A）/象限点（Q）］： （在适当位置指定一点，定位尺寸线位置）	
标注文字＝60	

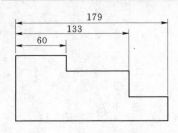

图 13.33　基线标注效果

13.2.9　基线标注

"基线标注"是以一现有尺寸界线为基线，一次标注多个尺寸，此命令需要在现有尺寸的基础上创建尺寸对象，如图 13.33 所示。

13.2.9.1　"基线标注"激活方式

（1）单击【菜单浏览器】 /【标注】/【基线】。

（2）单击功能区【常用】选项卡/【注释】面板中的 按钮。

（3）单击功能区【注释】选项卡/【标注】面板中的 按钮。

（4）在命令行中输入 Dimbaseline ✓ 或 DBA ✓。

13.2.9.2　操作步骤

首先创建一个线性标注 60，激活"基线"命令后，命令行提示：

指定第二条延伸线原点或［放弃（U）/选择（S）］＜选择＞：	（捕捉如图所示端点）
标注文字 ＝ 133	
指定第二条延伸线原点或［放弃（U）/选择（S）］＜选择＞：	（捕捉如图所示端点）
标注文字 ＝ 179	
指定第二条延伸线原点或［放弃（U）/选择（S）］＜选择＞：	（按"Esc"键退出）

13.2.10　连续标注

"连续标注"是一种多个尺寸标注首尾相连的标注，此标注需要在现有尺寸的基础上创建连续的尺寸对象，所创建的连续尺寸位于同一个方向上，如图 13.34 所示。

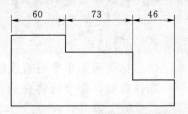

图 13.34　连续标注效果

13.2.10.1　"连续标注"激活方式

（1）单击【菜单浏览器】 /【标注】/【连续】。

（2）单击功能区【常用】选项卡/【注释】面板中的 按钮。

（3）单击功能区【注释】选项卡/【标注】面板中的 按钮。

（4）在命令行中输入 Dimcontinus ✓ 或 DCO ✓。

13.2.10.2　操作步骤

首先创建一个线性标注 60，激活"连续标注"命令后，命令行提示：

指定第二条延伸线原点或［放弃(U)/选择(S)］＜选择＞： （捕捉如图所示端点）
标注文字 = 73
指定第二条延伸线原点或［放弃(U)/选择(S)］＜选择＞： （捕捉如图所示端点）
标注文字 = 46
指定第二条延伸线原点或［放弃(U)/选择(S)］＜选择＞： （↙，退出连续尺寸状态）
选择连续标注： （↙，退出命令）

13.2.11 快速标注

"快速标注"是只要进行简单的选择对象，就可以自动地给多个对象一次性进行连续标注，基线的尺寸标注，如图 13.35 所示。

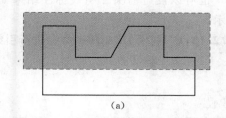
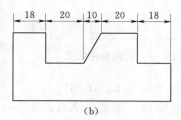

(a)　　　　　　　　　　　　　(b)

图 13.35 快速标注效果
(a) 选择几何图形；(b) 标注结果

13.2.11.1 "快速标注"激活方式

(1) 单击【菜单浏览器】[图] /【标注】/【快速标注】。

(2) 单击功能区【常用】选项卡/【注释】面板中的[图]按钮。

(3) 单击功能区【注释】选项卡/【标注】面板中的[图]按钮。

(4) 在命令行中输入 QDIM ↙。

13.2.11.2 操作步骤

激活命令后，命令行提示：

关联标注优先级 = 端点 (AutoCAD 优先将所选图线的端点作为尺寸界线的原点)
选择要标注的几何图形： (拉出如图 13.35 (a) 所示的窗交选择框)
选择要标注的几何图形： (↙，结束选择)
指定尺寸线位置或［连续(C)/并列(S)/基线(B)/坐标(O)/半径(R)/直径(D)/基准点(P)/
编辑(E)/设置(T)］＜连续＞： (在适当位置拾取一点，指定尺寸线位置)

13.2.11.3 命令行中各选项功能

(1) "连续 (C)"。创建连续型尺寸。

(2) "并列 (S)"。创建层叠型尺寸。

(3) "基线 (B)"。创建基线型尺寸。

(4) "坐标 (O)"。创建坐标型尺寸。

(5) "半径 (R)"。创建半径型尺寸。

(6) "直径 (D)"。创建直径型尺寸。

（7）"基准点（P）"。为基线标注和连续标注设定零值点。

（8）"编辑（E）"。用于修改快速标注的选择集，利用"添加（A）"或"删除（R）"选项就可以增加或删除节点。

（9）"设置（T）"。在确定尺寸界线起点时，设置默认对象捕捉方式。

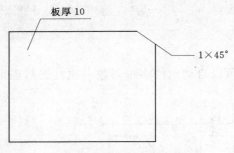

图 13.36　引线标注效果

13.2.12　引线标注

利用"引线标注"功能，不仅可以标注特定尺寸，如圆角、倒角等，还可以实现在图中添加多行旁注、说明。引线标注的指引线可以是折线，也可以是曲线，指引线端部可以有箭头，也可以没有箭头。引线标注结果如图 13.36 所示。

13.2.12.1　利用 LEADER 命令进行引线标注

（1）命令激活方式。

在命令行中输入 LEADER ↙。

（2）操作步骤。激活命令后，命令行提示：

```
指定引线起点：（指定指引线的起始点）
指定下一点：                                              （指定指引线的第 2 点）
指定下一点或［注释(A)/格式(F)/放弃(U)］＜注释＞：                        （F ↙）
输入引线格式选项［样条曲线(S)/直线(ST)/箭头(A)/无(N)］＜退出＞：              （n ↙）
指定下一点或［注释(A)/格式(F)/放弃(U)］＜注释＞：          （指定指引线的第 3 点）
指定下一点或［注释(A)/格式(F)/放弃(U)］＜注释＞：                        （A ↙）
输入注释文字的第一行或 ＜选项＞：                           （板厚：10mm ↙）
输入注释文字的下一行：                                           （↙）
```

（3）各选项的功能如下。

1）"注释（A）"。输入注释文本。

2）"格式（F）"。指定引线的格式，指引线是直线或曲线等。

3）"样条曲线（S）"。设置指引线为样条曲线。

4）"直线（ST）"。设置指引线为折线。

5）"箭头（A）"。在指引线的起始位置画箭头。

6）"无（N）"。在指引线的起始位置不画箭头。

7）"＜退出＞"。默认项，选择该项，退出"格式"选项。

13.2.12.2　利用 QLEADER 命令进行引线标注

利用 QLEADER 命令可快速生成指引线及注释，可以通过命令行优化对话框进行用户自定义，由此可以消除不必要的命令行提示，取得较高的工作效率。以如图 13.36 所示的 1×45°为例。

（1）命令激活方式。

在命令行中输入 QLEADER（或 LE）↙。

（2）操作步骤。激活命令后，命令行提示：

指定第一个引线点或［设置(S)］＜设置＞：	（在适当位置定位第一个引线点）
指定下一点：	（在适当位置定位第二个引线点）
指定下一点：	（在适当位置定位第三个引线点）
指定文字宽度 ＜0＞：	（↙）
输入注释文字的第一行 ＜多行文字(M)＞：	（1×45％％D↙）
输入注释文字的下一行：	（↙）

（3）激活命令中的【设置】选项后，可打开如图 13.37 所示的【引线设置】对话框，以修改和设置引线点数、注释类型以及注释文字的附着位置等。

1）【注释】选项卡。【注释】选项卡主要用于设置引线文字的注释类型及相关的一些选项，如图 13.36 所示。

a.【注释类型】选项组。

（a）【多行文字】选项用于在引线末端创建多行文字注释。

（b）【复制对象】选项用于复制已有的引线注释作为需要创建的引线注释。

（c）【公差】选项用于在引线末端创建公差注释。

（d）【块参照】选项用于以内部块作为注释对象。

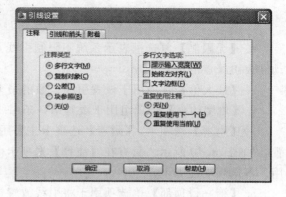

图 13.37　【引线设置】对话框

（e）【无】选项表示创建无注释的引线。

b.【多行文字选项】选项组。

（a）【提示输入宽度】复选框用于提示用户，指定多行文字注释的宽度。

（b）【始终左对齐】复选框用于自动设置多行文字使用左对齐方式。

（c）【文字边框】复选框主要用于为引线注释添加边框。

c.【重复使用注释】选项组。

（a）【无】选项表示不对当前所设置的引线注释进行重复使用。

（b）【重复使用下一个】选项用于重复使用下一个引线注释。

（c）【重复使用当前】选项用于重复使用当前的引线注释。

2）【引线和箭头】选项卡。【引线和箭头】选项卡主要用于设置引线的类型、点数、箭头以及引线段的角度约束等参数，如图 13.38 所示。各选项功能如下。

a.【直线】选项用于在指定的引线点之间创建直线段。

b.【样条曲线】选项用于在引线点之间创建样条曲线，即引线为样条曲线。

c.【箭头】选项组用于设置引线箭头的形式。单击 实心闭合 列表，在下拉列表框中选择一种箭头形式，如图 13.39 所示。

163

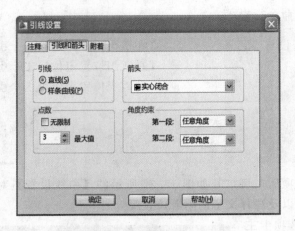

图 13.38 【引线和箭头】选项卡   图 13.39 箭头下拉列表框

d. 【无限制】复选框表示系统不限制引线点的数量。用户可以通过按 "Enter" 键手动结束引线点的设置过程。

e. 【最大值】选项用于设置引线点数的最多数量。

f. 【角度约束】选项组用于设置第一条引线与第二条引线的角度约束。

3）【附着】选项卡。【附着】选项卡主要用于设置引线和多行文字注释之间的附着位置，如图 13.40 所示。只有在【注释】选项卡内勾选【多行文字】选项时，此选项卡才可用。各选项功能如下。

a. 【第一行顶部】单选项用于将引线放置在多行文字第一行的顶部。

b. 【第一行中间】单选项用于将引线放置在多行文字第一行的中间。

c. 【多行文字中间】单选项用于将引线放置在多行文字的中部。

d. 【最后一行中间】单选项用于将引线放置在多行文字最后一行的中间。

e. 【最后一行底部】单选项用于将引线放置在多行文字最后一行的底部。

f. 【最后一行加下划线】复选框用于为最后一行文字添加下划线。

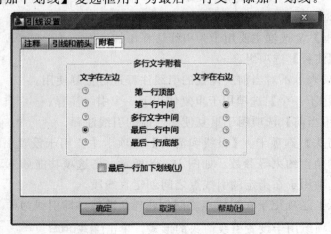

图 13.40 【附着】选项卡

13.2.13 尺寸公差标注

"公差"命令主要用于为零件图标注形位公差，如图 13.41 所示。

图 13.41　公差示例

13.2.13.1 "尺寸公差标注"激活方式

（1）单击【菜单浏览器】 ∠ /【标注】/【公差】。

（2）单击功能区【常用】选项卡/【注释】面板中的 按钮。

（3）单击功能区【注释】选项卡/【标注】面板中的 按钮。

（4）在命令行中输入 Tolerance ↙或 TOL ↙。

13.2.13.2 操作步骤

执行"公差"命令后，系统可弹出如图 13.42 所示的【形位公差】对话框，单击【符号】选项组中的黑色块，可以打开如图 13.43 所示的【特征符号】对话框，用户可以选择相应的形位公差符号。

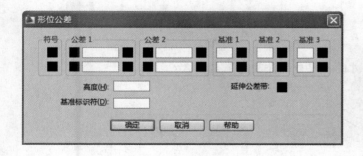

图 13.42　【形位公差】对话框

图 13.43　【特征符号】对话框

在【公差 1】或【公差 2】选项组中单击右侧的黑色块，可以弹出如图 13.44 所示的【附加符号】对话框，以设置公差的包容条件。

（1）符号 M 表示最大包容条件，规定零件在极限尺寸内的最大包容量。

（2）符号 L 表示最小包容条件，规定零件在极限尺寸内的最小包容量。

（3）符号 S 表示不考虑特征条件，不规定零件在极限尺寸内的任意几何大小。

图 13.44　【附加符号】对话框

13.2.14 圆心标记标注

该命令用于给圆或圆弧标注中心符号，其大小及形式在图 13.9 所示对话框的"圆心标记"中设置，有"无"、"标记"和"直线"三种选择。

13.2.14.1 "圆心标记标注"激活方式

（1）单击【菜单浏览器】 ∠ /【标注】/【圆心标记】。

（2）单击功能区【常用】选项卡/【注释】面板中的 按钮。

（3）单击功能区【注释】选项卡/【标注】面板中的⊙按钮。

（4）在命令行中输入 Dimangular ↙ 或 DIMCENTER ↙。

13. 2. 14. 2　操作步骤

激活命令后，命令行提示：

选择圆弧或圆：	（单击圆弧或圆）

执行结果如图 13.45 或图 13.46 所示。

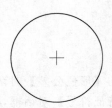　　　　　　　　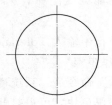

图 13.45　标注圆心标记　　　　　　　图 13.46　标注中心线

思　考　题

一、问答题

（1）图 13.47 中，各种尺寸的"尺寸标注类型"是什么？

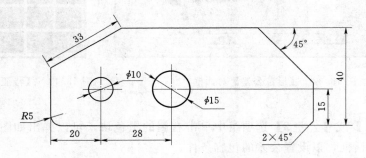

图 13.47　尺寸标注

（2）基线标注、连续标注与快速标注三者的区别是什么？

（3）在 AutoCAD 中，所有的标注命令都位于哪个工具栏中，调用此工具栏的方法是什么？

（4）用引线标注可以标注哪几种不同的情况？怎样实现？

（5）如何标注形位公差 ◎ ⌀0.001Ⓢ A B ？

二、上机操作

（1）创建如图 13.48 所示的标题栏，完成相应尺寸标注。要求：表格中字体为仿宋体，尺寸数字采用 gbeitc. shx，字号为 3.5。

（2）根据如图 13.49 所示尺寸绘制闸墩结构图，并完成其尺寸标注。要求：标题字体为仿宋体，字号为 5，尺寸数字采用 gbeitc. shx，字号为 3.5。

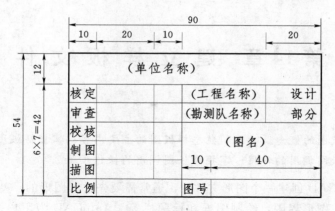

图 13.48　标题栏

闸墩结构图1：500

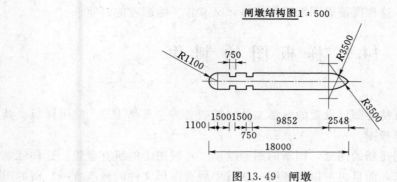

图 13.49　闸墩

第14章 建立样板文件

【学习要求】

　　(1) 了解样板图的概念及功能；熟悉样板图的主要内容；掌握样板图的制作技能。

　　(2) 了解样板图调用的作用；掌握样板图调用的操作步骤。

　　当使用 AutoCAD 创建一个图形文件时，通常需要先进行图形的一些基本的设置，如绘图单位、角度、图形界限，绘制图框和标题栏等。AutoCAD 为用户提供的样板功能，其实是调用预先定义好的样板图。样板图可以将图纸界限、图框和标题栏等每张图纸上必须具备的内容事先做好，这样既使得图纸规格统一，又节省了绘图者的时间。

14.1 样板图的制作

14.1.1 样板图的概念

　　样板图是一种包含有特定图形设置的图形文件（扩展名为".DWT"）。使用样板，其实是调用预先定义好的样板图。

　　如果使用样板图来创建新的图形，则新的图形继承了样板图中的所有设置。这样就避免了大量的重复设置工作，而且也可以保证同一项目中所有图形文件的标准统一。新的图形文件与所用的样板文件是相对独立的，因此新图形中的修改不会影响样板文件。

　　AutoCAD 中为用户提供了一些样板图形，在默认情况下，这些图形样板文件存储在 Template 文件夹中。用户在选择【文件】/【新建】命令后，便可在系统弹出的【选择样板】对话框中使用这些样板文件，如图 14.1 所示。

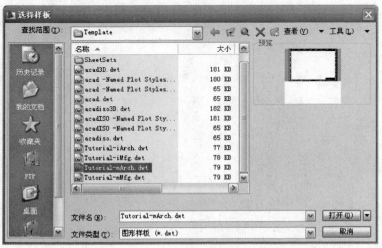

图 14.1 【选择样板】对话框

14.1.2 样板图的内容

创建样板图的内容应该根据需要而定，其基本内容包括以下几个方面：

(1) 绘图数据的记数格式和精度。

(2) 绘图区域的范围、图纸的大小。

(3) 预定义层、线型、线宽、颜色。

(4) 定义文字样式及尺寸标注样式。

(5) 绘制好图框、标题栏。

14.1.3 样板图的制作

在实际设计工作中，不同的设计可能需要不同的样板，而且不同的设计部门对绘图的要求也不尽相同，对样板文件的设置也会有所不同。这就需要用户创建符合设计要求的样板文件，任何现有图形只要另存为样板图格式（扩展名为".DWT"）都可作为样板图来使用。

下面以 A3 图幅的水利工程样板图来介绍制作样板图的一种常用方法。此样板图中包括幅面的设置，层、文本样式、标注样式的设置，图框、标题栏的绘制等。

【例 14.1】 制作 A3 图幅的水利工程样板图。

(1) 新建图形文件。选择【文件】/【新建】，或输入"NEW"命令，弹出【选择样板】对话框，以默认方式新建一图形文件，进入绘图状态，然后进行下面一系列基本的初始化工作。

(2) 设置数据的计数格式和精度。选择【格式】/【单位】，或输入"UNITS"命令，弹出【图形单位】对话框，对长度、角度的单位类型和精度进行设置。设置数据如图 14.2 所示，设置完毕后单击【确定】按钮。

(3) 设置绘图界限。根据 A3 图纸幅面，设置绘图界限。若图纸横放，左下角点为"0，0"，右上角点为"420，297"。具体操作如下。

图 14.2 【图形单位】对话框

选择【格式】/【图形界限】，或输入"LIMITS"命令，命令行出现如下提示：

```
重新设置模型空间界限：
指定左下角点或［开(ON)/关(OFF)］＜0.0000,0.0000＞：↙
指定右上角点 ＜420.0000,297.0000＞：420,297 ↙
```

选择【视图】/【缩放】/【全部】，以全屏显示所限定的绘图范围。再单击状态栏上的 ▦ 栅格按钮或按"F7"键，打开栅格开关，将该绘图区域全部显示出来。

(4) 设置常用图层。选择【格式】/【图层】，或输入"LAYER"命令，在打开的【图形特性管理器】对话框中，根据水利工程 CAD 制图标准，参照表 14.1 所列的图层和相应的线型、线宽、颜色等建立常用的图层。

表 14.1 设 置 图 层

图层名	线 型	线 宽	颜 色
粗实线	Continuous	0.5	白色
细实线	Continuous	0.25	绿色
细虚线	Acad-iso02w100	0.25	黄色
细点划线	Acad-iso04w100	0.25	红色
细双点划线	Acad-iso05w100	0.25	洋红色
尺寸标注	Continuous	0.25	白色
文字注释	Continuous	0.25	绿色
图框	Continuous	0.25	绿色
标题栏	Continuous	0.3	绿色

设置结果如图 14.3 所示。

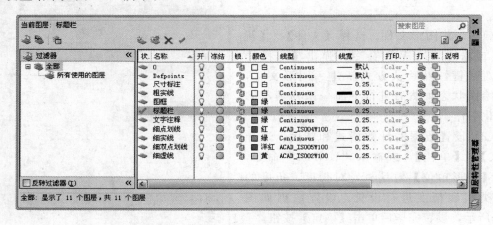

图 14.3 【图层特性管理器】对话框

(5) 设置工程图样的文字样式。选择【格式】/【文字样式】，或输入 "STYLE" 命令，在打开的【文字样式】对话框中，根据水利工程 CAD 制图标准，参照表 14.2 所列的四种文字样式进行相关设置。

表 14.2 设 置 文 字 样 式

文字样式名称	字体	字号
注释文字	长仿宋体	5
尺寸标注	长仿宋体	3.5
标题栏图样名称	长仿宋体	10
标题栏名称	长仿宋体	7

1) 设置"注释文字"文字样式。选择【格式】/【文字样式】，弹出【文字样式】对话框，单击【新建】按钮，弹出【新建文字样式】对话框，输入样式名"注释文字"，返回【文字样式】对话框；在【字体名】下拉列表中选择"T 仿宋－GB2312"字体（注意不要选成"T@仿宋－GB2312"字体），且设置"宽度因子"为 0.7；在"高度"编辑框中设文字高度为 5，其他使用默认值，如图 14.4 所示。

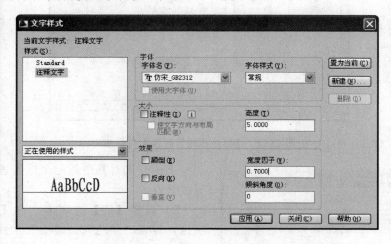

图 14.4 【文字样式】对话框

2) 利用上面的文字样式设置方法将表 14.2 中列出的尺寸标注、标题栏图样名称、标题栏名称文字样式设置出来，设置结果如图 14.5 所示。

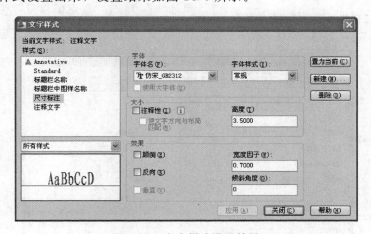

图 14.5 文字样式设置结果

（6）设置工程图样的标注样式。选择【格式】/【标注样式】，或输入"DIM-STYLE"命令，在打开的【标注样式管理器】对话框中，基于 AutoCAD 的默认标注样式 ISO－25，修改其中的内容，设置出其他标注样式，【标注样式管理器】对话框如图 14.6 所示。

点击【新建】按钮，出现如图 14.7 所示的【创建新标注样式】对话框，输入新样式名称"水利工程标注"，选择"基础样式"后点击【继续】。

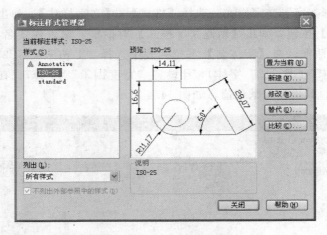

图 14.6　【标注样式管理器】对话框

图 14.7　【创建新标注样式】对话框

下面分别对其中的七个标签进行相应的设置或修改。

1）设置【线】选项卡。在【尺寸线】选项区，设置"颜色"、"线型"、"线宽"为 By-Layer，"基线间距"为 7；在【延伸线】选项区，设置"颜色"、"延伸线 1 的线型"、"延伸线 2 的线型"，"线宽"均为 ByLayer，"超出尺寸线"为 2，"起点偏移量"为 2，设置效果如图 14.8 所示。

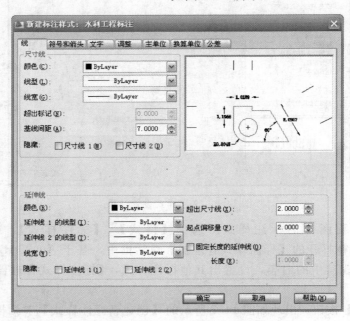

图 14.8　【线】选项卡的设置

2）设置【符号和箭头】选项卡。在【箭头】选项区，设置"第一个"、"第二个"、"引线"均为"实心闭合"，"箭头大小"为2.5；设置"圆心标记"为2.5，设置效果如图14.9所示。

3）设置【文字】选项卡。在【文字外观】选项区，选择"文字样式"为"尺寸标注"，选择"文字颜色"为ByLayer。其他按默认设置，设置效果如图14.10所示。

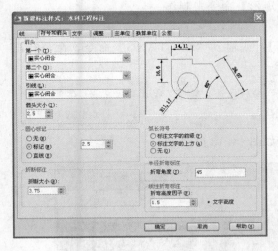

图14.9 【符号和箭头】选项卡的设置

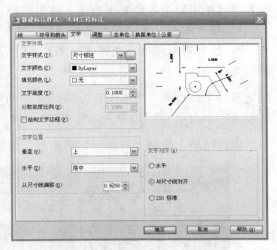

图14.10 【文字】选项卡的设置

4）设置【调整】选项卡。该选项卡按默认设置，如图14.11所示。

5）设置【主单位】选项卡。在【线性标注】选项区，设置"精度"为0；在【测量单位比例】选项区，测量比例因子根据画图比例设置，如画图比例为1：100，则比例因子为100。设置效果如图14.12所示。

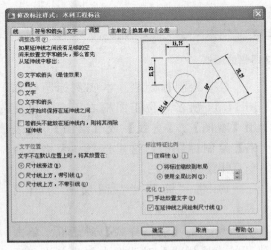

图14.11 【调整】选项卡的设置

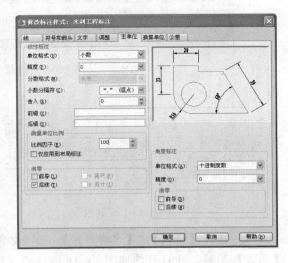

图14.12 【主单位】选项卡的设置

6）【换算单位】选项卡。该标签在特殊情况下才使用，在不设置换算单位情况下通常处于隐藏状态不必设置。

7)【公差】选项卡。该尺寸样式"水利工程标注"不用来标注尺寸公差，故【方式】选择"无"选项，其他项不必设置。

（7）绘制图框。图线框要小于图形界限，按照国家标准的规定，对于 A3 图幅（420mm×297mm），可在图纸左边留 25mm、其余三边各留 5mm 的边距。可使用【直线】或【矩形】命令绘制图框线，这里选择【矩形】命令来制作。

1）将"图框"图层置为当前图层。

2）绘制矩形图框。选择【绘图】/【矩形】，或输入"RECTANG"命令，命令行出现如下提示：

指定第一个角点或［倒角(C)/标高(E)/圆角(F)/厚度(T)/宽度(W)]：　　　(25，5↙)
指定另一个角点或［面积(A)/尺寸(D)/旋转(R)]：　　　　　　　　　　(390，287↙)

执行结果：绘制了封闭的矩形图框，效果如图 14.13 所示。

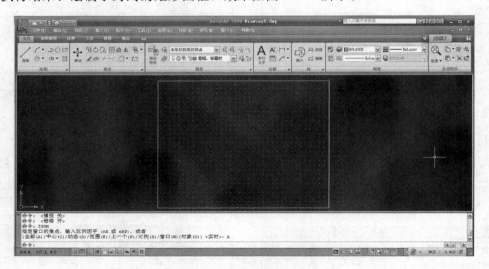

图 14.13　绘制 A3 图幅的图框

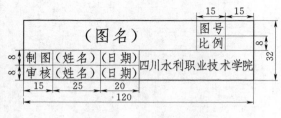

图 14.14　标题栏

（8）绘制标题栏。本实例标题栏如图 14.14 所示，位于图框右下角，可使用【绘图】/【直线】或【绘图】/【表格】绘制标题栏。这里选择"表格"命令直接绘制标题栏。

1）将"标题栏"图层置为当前图层。

2）选择【格式】/【表格样式】，打开如图 14.15 所示的【表格样式】对话框。单击【新建】按钮，在打开的如图 14.16 所示的【创建新的表格样式】对话框中创建名为"标题栏表格"的新样式。

3）单击【继续】按钮，打开如图 14.17 所示的【新建表格样式：标题栏表格】对话

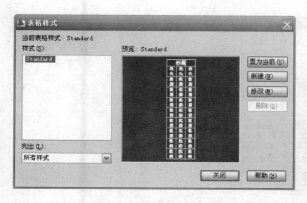

图 14.15　【表格样式】对话框　　　　　　图 14.16　【创建新的表格样式】对话框

框。在【单元样式】下拉列表框中选择"数据"选项。在【常规】选项卡的"对齐"下拉列表框中选择"正中"选项；在文字选项卡中，选择"文字高度"为 2.5；在"边框"选项卡中，单击【外边框】按钮，设置线宽为 0.3mm。单击确定按钮，返回到【表格样式】对话框后，单击【置为当前】按钮，最后单击【关闭】按钮，退出对话框。

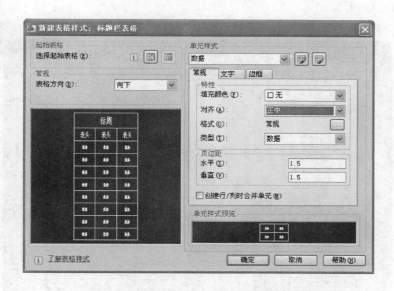

图 14.17　【新建表格样式：标题栏表格】对话框

　　4）选择【绘图】/【表格】，打开【插入表格】对话框，在【列和行设置】选项区中分别设置"列数"和"数据行数"的数值为 7 和 2，"列宽"为 15，【设置单元样式】均设置为"数据"，设置如图 14.18 所示。单击【确定】按钮，在绘图区插入一个 4 行 7 列的表格。

　　5）利用表格相关编辑命令和工具，合并相应的单元格，调整相应单元格的列宽和行高，并输入相应的文字，最终将表格绘制成如图 14.14 所示的标题栏。

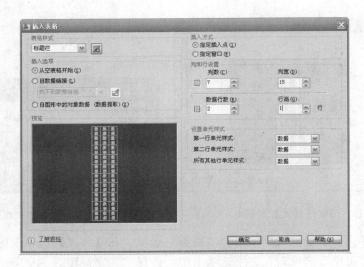

图 14.18 【插入表格】对话框

6）最后，选择【修改】/【移动】命令，将绘制好的标题栏移动到图框右下角，样板图效果如图 14.19 所示。

图 14.19 样板图最终效果

（9）保存样板图。选择【文件】/【另存为】，弹出【图形另存为】对话框，在【文件类型】下拉列表框中选 "AutoCAD 图形样板（＊.dwt）" 选项，把当前图形存储为 Auto-CAD 系统中的样板文件，该文件自动被放入 AutoCAD 的 Template（样板）文件夹。在【文件名】文字编辑框中输入样板名称 "A3 水利工程图"，如图 14.20 所示。单击【保存】按钮，即完成该图样的创建。

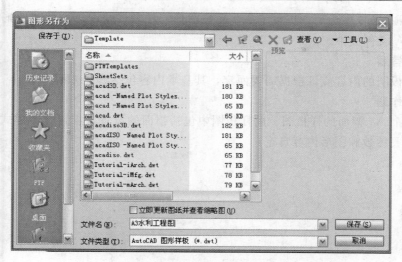

图 14.20 【保存样板图】对话框

14.2 样板图的调用

选择【文件】/【新建】，或输入"NEW"命令，弹出【选择样板】对话框，在【选择样板】列表框中，就可以看到刚才建立的样板图。选择它，就可以使用了，如图 14.21 所示。

图 14.21 【选择样板】对话框

思 考 题

一、填空题

（1）AutoCAD 样板图的扩展名为_____。

（2）AutoCAD 中为用户提供了一些样板图形，在默认情况下，这些图形样板文件存储在_____文件夹中。

二、问答题

创建样板图的内容应该根据需要而定，其基本内容包括哪些方面？

三、操作题

建立一个 A4 幅面的样板图。此样板图中包括幅面的设置，层、文本样式、标注样式的设置（相关参数和图形内容自定）。

第15章　提高绘图效率的捷径

【学习要求】

（1）了解图块的功能；熟悉图块、块文件、块属性的定义；掌握图块的创建、插入的基本操作和技巧；熟悉图块的编辑；掌握图块属性在绘图过程中的应用。

（2）熟悉查询命令查询的内容；掌握查询相关的图形信息的操作步骤。

（3）熟悉图形对象的特性及图层的概念；熟练掌握图形特性的设置及修改；掌握对象特性匹配的设置。

利用 AutoCAD 的综合编辑技术，可以帮助用户有效地提高工作效率，减少重复操作。本章将详细介绍图块、查询命令、对象特性及其修改与匹配等提高绘图效率的基本操作和技巧。通过本章的学习，读者能更加方便地对 AutoCAD 资源进行编辑、修改和共享，进而提高绘图的效率和速度。

15.1　块

在绘制图形时，如果图形中有大量相同或相似的内容，或者所绘制的图形与已有的图形文件相同，则可以把要重复绘制的图形创建成块（也称为图块），并根据需要为块创建属性，指定块的名称、用途及设计者等信息，在需要时直接插入它们，从而提高绘图效率。

15.1.1　创建块

在 AutoCAD 中使用块可以大大提高绘图的效率，但在使用块之前，首先需要将块创建出来，这实际上就是向块库里增加块的定义。

15.1.1.1　创建内部块

"创建块"命令将选定的一个或多个图形对象集合成一个整体图形单元，保存于当前图形文件内，以供当前文件重复使用，使用此命令创建的图块被称为内部块。

（1）命令激活方式。

1）选择【菜单浏览器】▧/【绘图】/【块】/【创建】。

2）单击功能区【常用】选项卡/【块】面板中的▧按钮。

3）单击功能区【注释】选项卡/【标注】面板中的▧按钮。

4）在命令行中输入 Block ↙或 Bmake。

5）在命令行中输入 B↙。

（2）在当前文件中创建块。

1）打开【块定义】对话框，如图15.1所示。

2）在【名称】文本框内定义块名称，如"标高符号"。单击【拾取点】按钮▧，在绘图界面中选取一点后，返回【块定义】对话框。

　　3）单击【选择对象】按钮，进入绘图区域，选中标高符号后，返回【块定义】对话框。

　　4）单击【确定】按钮。"标高符号"块创建完成。

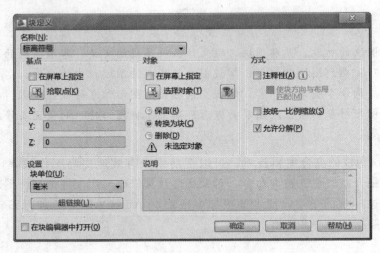

图 15.1　【块定义】对话框

　　（3）在【块定义】对话框中各选项功能如下。

　　1）【名称】。为便于图块的保存和调用，用户可在【名称】文本框中输入或选择当前要创建的块的名称，该名称可以由汉字、英文或数字等字符组成。

　　2）【基点】。该选项组用于指定块的插入基点，默认值是（0，0，0），即将来该块的插入基准点，也是块在插入过程中旋转或缩放的基点。用户可以分别在"X"、"Y"、"Z"文本框中输入坐标值确定基点，也可以单击【拾取点】按钮，在当前图形中拾取插入基点。

　　3）【对象】。单击【选择对象】按钮，将切换到绘图区以选择构成图块的对象。也可通过 按钮，在弹出的【快速选择】对话框中选择将构成图块的对象。在选择区中还有三个选项提供了创建图块后对图块原图的处理方式。

　　a. 【保留】。将选定对象保留在图形中作为普通的对象。

　　b. 【转换为块】。将选定对象转换成图形中的块实例。

　　c. 【删除】。设定创建块以后，从图形中删除原选定的对象。

　　4）【设置】。该选项组主要指定块的设置。

　　a. 【块单位】下拉列表框可以提供用户选择块参照插入的单位。

　　b. 【超链接】按钮主要用于打开【插入超链接】对话框，用户可以使用该对话框将某个超链接与块定义相关联。

　　5）【方式】。该选项组用于指定块的行为。

　　a. 【注释性】复选框用于设置指定块为注释性的。【使块方向与布局匹配】复选框指定在图纸空间视口中的块参照的方向与布局的方向匹配。如果未选择【注释性】选项，则该选项不可用。

b. 【按统一比例缩放】复选框用于指定是否阻止块参照不按统一比例缩放。

c. 【允许分解】复选框用于指定块参照是否可以被分解。

6）【说明】。该文本框用于对块定义进行相关说明。

7）【在块编辑器中打开】。选中该复选框，当用户单击【确定】按钮后，将在块编辑器中打开当前的块定义，一般用于动态块的创建和编辑。

【例 15.1】 创建如图 15.2 所示的"标高符号"图块。

（1）使用"直线"命令，绘制如图 15.2 所示的标高符号。结果如图 15.2 所示。

（2）单击功能区【常用】选项卡/【块】面板中的 按钮，激活"创建块"命令，弹出如图 15.1 所示的【块定义】对话框。

（3）在【名称】列表框中输入块名称"标高符号"。

（4）在【基点】组合框中，单击【拾取点】按钮，返回绘图区，拾取标高符号左下角的点作为块插入的基点，如图 15.3 所示。

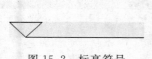

图 15.2 标高符号

图 15.3 带基点的标高符号

（5）单击【选择对象】按钮，返回绘图区，选择已绘制的标高符号，回车，在【对象】栏下选中"保留"选项（构成图块的原图将不被转换为块），如图 15.4 所示。

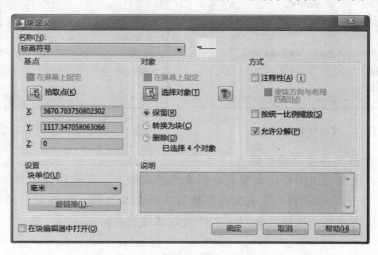

图 15.4 对"标高符号"进行块定义

（6）单击【确定】按钮关闭对话框，完成"标高符号"块定义。

15.1.1.2 创建外部块

使用内部块命令创建的块，只能在当前图形中使用，要将块应用到其他文件中，就需要利用 AutoCAD 提供的"写块"命令，将块保存为独立的文件，以供其他文件进行重复使用。

Wblock 命令可以看成是"Write＋Block"，也就是写块。Wblock 命令定义的图块是一个独立存在的图形文件，相对于 Block、Bmake 命令定义的内部块，它被称作外部块。

　　1．命令激活方式

　　在命令行中输入 Wblock ↙ 或 W ↙。

　　2．创建外部块

　　（1）继续上例操作。

　　（2）在命令行输入 Wblock 或 W，回车，屏幕弹出【写块】对话框，如图 15.5 所示。

　　（3）在【源】选项组内激活"块"选项，在展开的【块】下拉列表框，选择"标高符号"内部块，如图 15.6 所示。

　　1）在【文件名或路径】列表框内，设置外部块的存盘路径、名称和单位，如图 15.6 所示。

　　2）单击【确定】按钮，结果"标高符号"内部块转化为外部块，以独立文件形式存盘。

图 15.5　【写块】对话框　　　　　　　　图 15.6　选择"标高符号"内部块

　　3．写块对话框中各选项的功能

　　（1）【源】。该选项组用于定义写入外部块的源实体，将其保存为文件并指定插入点。

　　1）【块】。该选项用于将已生成的内部块写入外部块文件，可在其后的输入框中输入块名，或在下拉列表框中选择需要写入文件的内部块的名称。这时"基点"和"对象"选项组不可用。

　　2）【整个图形】。该选项用于将整个图形写入外部块文件。该方式生成的外部块的插入基点默认为坐标原点（0，0，0）。

　　3）【对象】。该选项用于将屏幕上选取的图形对象写入外部块文件。

　　（2）【目标】。选项组用于指定外部文件的新名称和新位置，以及插入块时所用的测量单位。

　　1）【文件名和路径】。在该下拉列表中直接输入指定文件名和保存块或对象的路径，或者单击下拉列表后面的 ，在弹出的"浏览图形文件"对话框保存外部块。

2)【插入单位】。在该下拉列表中设置将该生成块插入到使用不同单位的图形中时用于自动缩放的单位值。注意：这个缩放是指单位之间的缩放，而不是指设置的插入比例的缩放。

15.1.2 块的属性

"块属性"实质就是一种"块的文字信息"，它不能独立存在，是附属于块的非图形信息，是块的组成部分，用于对图块进行文字说明。图块的属性可以增加图块的功能，又可以说明图块的类型、数目等。

当用户对块进行操作时，其属性也将改变。块的属性由属性标签和属性值两部分组成，属性标签就是指一个项目名称，属性值就是指具体的项目情况。

15.1.2.1 定义块属性

（1）"属性定义"命令的启动。

1）选择【菜单浏览器】 /【绘图】/【块】/【定义属性】。

2）单击功能区【常用】选项卡/【块】面板中的 按钮。

3）单击功能区【块和参照】选项卡/【属性】面板中的 按钮。

4）在命令行中输入 Attdef ✓ 或 ATT ✓。

（2）以"定位轴线"属性块为例，讲解"属性定义"命令的具体操作。

1）使用"圆"和"直线"命令绘制如图 15.7 所示直径为 8mm 的圆和点划线的基本图形。

2）单击功能区【常用】选项卡/【块】面板中的 按钮，弹出【属性定义】对话框，如图 15.8 所示。

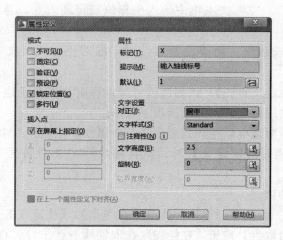

图 15.7　绘制定位　　　　图 15.8　【属性定义】对话框　　　　图 15.9　赋予定位
轴线的基本图形　　　　　　　　　　　　　　　　　　　　　　　轴线属性

3）在【属性】组合框中的【标记】文本框中输入"X"；在【提示】文本框中输入"输入轴线标号"；在【默认】文本框中输入默认值"1"。

4）在【文字设置】组合框中的【对正】下拉列表内选择对正方式"正中"，其余采用默认值，如图 15.8 所示。

当用户需要重复定义对象的属性时，可以勾选【在上一个属性定义下对齐】选项，系统将自动沿用上次设置的各种属性的文字样式、对正方式及高度等参数设置。

5）单击【确定】，返回绘图区，拾取圆心中点作为属性插入点，结果如图 15.9 所示。当用户为图形定义了文字属性后，所定义的文字属性会暂时以"属性标记"显示。

（3）【属性定义】对话框中各选项的功能如下。

1）【模式】选项组。

a.【不可见】复选框表示插入图块，输入属性值后，属性值不在图中显示。

b.【固定】复选框表示属性值是一个固定值。

c.【验证】复选框表示会提示输入两次属性值，以便验证属性值是否正确。

d.【预设】复选框表示插入包含预置属性值的块时，将属性设置为默认值。

e.【锁定位置】复选框表示锁定块参照中属性的位置，若解锁，属性可以相对于使用夹点编辑的块的其他部分移动，并且可以调整多行属性的大小。

f.【多行】复选框用于指定属性值，可以包含多行文字，选定此选项后，可以指定属性的边界宽度。

2）【属性】选项组。

a.【标记】文本框用于标识图形中每次出现的属性。

b.【提示】文本框用于指定插入该属性块时显示的提示，提醒用户指定属性值。

c.【默认】文本框用于指定默认的属性值。单击"插入字段"按钮，可以打开"字段"对话框，插入一个字段作为属性的全部或部分值。

3）【插入点】选项组。用于设置属性的插入点。用户可以在绘图区中指定插入点，也可以直接在"X"、"Y"、"Z"文本框中输入坐标值确定插入点。通常采用"在屏幕上指定"方式。

4）【文字设置】选项组。用于设置属性文字的对正方式、文字样式、高度和旋转角度。

5）【在上一个属性定义对齐】。该复选框将属性标记直接置于定义的上一个属性的下面。如果之前没有创建属性定义，则此选项不可用。

通过【属性定义】对话框，用户只能定义一个属性，但是并不能指定该属性属于哪个图块，因此用户必须通过【块定义】对话框将图块和定义的属性一起定义为一个新的图块。

（4）创建带属性的块。

1）继续上述操作。激活"创建块"命令，在弹出的【块定义】对话框中输入块名称"定位轴线"；点击【拾取点】按钮，在绘图区选取轴线中点作为块的插入点。单击【选择对象】按钮，返回绘图区，选择绘制的定位轴线和定义的属性，将定位轴线和定义的属性一起创建为内部块，【对象】栏下选择"转换为块"选项（源对象被转换为块），如图 15.10 所示，单击【确定】，完成带属性的"定位轴线"块的定义。

2）在随后弹出的【编辑属性】对话框中，输入轴线标号"2"，属性定义如图 15.11 所示。单击【确定】按钮，完成对图块属性的定义。

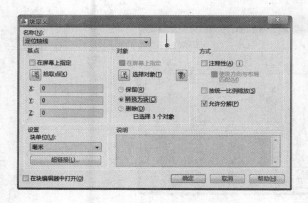
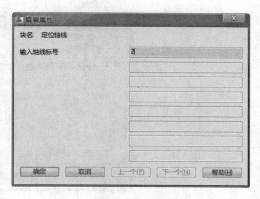

图 15.10　创建定位轴线属性块　　　　图 15.11　【编辑属性】对话框

（5）带属性图块的插入。将带属性的定位轴线插入图中，效果如图 15.12 所示。

15.1.2.2 编辑图块属性

当用户将属性定义好后，有时可能需要更改属性名、提示内容或缺省文本，这时可用 Eattedit 命令编辑或修改图块对象的属性值。

（1）命令激活方式。

1）选择【菜单浏览器】/【修改】/【对象】/【属性】/【单个】。

2）单击功能区【常用】选项卡/【块】面板中的按钮。

3）单击功能区【块和参照】选项卡/【属性】面板中的按钮。

4）在命令行中输入 Eattedit ↙。

图 15.12　轴线标号为"2"的定位轴线

（2）以如图 15.13 所示的"标高符号"属性块为例，讲解"编辑属性"命令的具体操作。

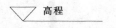
图 15.13　对"标高符号"块属性进行修改

1）单击功能区【常用】选项卡/【块】面板中的按钮。

2）在弹出的【增强属性编辑器】对话框中，选择【选择块】按钮，选中如图 15.13 所示的属性块，如图 15.14 所示。

3）在【属性】选项卡中，单击显示为"高程"的属性，在【值】文本框中输入修改值"150.00"，从而实现对图块属性的修改。

（3）【增强属性编辑器】对话框中各选项卡功能如下。

1）【属性】选项卡。用户可以在【值】文本框中修改属性的值。

2）【文字选项】选项卡。可以修改文字属性，包括文字样式、对正、高度等属性，如图 15.15 所示。其中【反向】和【颠倒】复选框主要用于对镜像后图形进行修改。

3）【特性】选项卡。可以对属性所在图层、线型、颜色和线宽等进行设置，如图 15.16 所示。

185

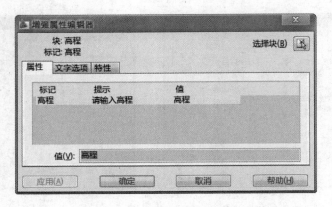

图 15.14　【增强属性编辑器】对话框

图 15.15　【文字选项】对话框

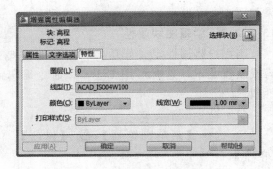

图 15.16　【特性】对话框

15.1.3　插入图块

完成块的定义后，就可以将块插入到图形中，进行反复引用，以节省绘图时间，提高绘图效率。插入块或图形文件时，用户一般需要确定块的四组特征参数，即要插入的块名、插入点的位置、插入的比例系数和块的旋转角度。

15.1.3.1　命令激活方式

（1）选择【菜单浏览器】 ／【插入】／【块】命令。

（2）单击功能区【常用】选项卡／【块】面板中的 按钮。

（3）单击功能区【块和参照】选项卡／【块】面板中的 按钮。

（4）在命令行中输入 Insert ↙或 I ↙。

15.1.3.2　操作步骤

以"定位轴线"图块为例，讲解将其旋转 90°进行插入的具体操作。

（1）单击功能区【常用】选项卡／【块】面板中的 按钮，打开【插入】对话框。

（2）在【名称】文本框的下拉列表框中选择"定位轴线"内部块。

（3）在【旋转】选项组中的【角度】文本框中输入"90"，如图 15.17 所示。

（4）其他参数采用默认设置，单击【确定】按钮返回绘图区，在绘图区中拾取一点作为块的插入点，结果如图 15.18 所示。

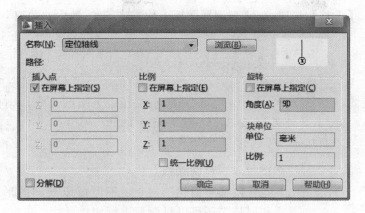

图 15.17 【插入】对话框

15.1.3.3 【插入】对话框中各选项功能

（1）【插入点】选项组。用于指定图块的插入位置，通常选中【在屏幕上指定】复选框，在绘图区以拾取点方式配合"对象捕捉"功能指定。

图 15.18 "定位轴线"
插入结果

（2）【比例】选项组。用于设置图块插入后的缩放比例。选中【在屏幕上指定】复选框，则可以在命令行中指定缩放比例，用户也可以直接在"X"文本框、"Y"文本框和"Z"文本框中输入数值，以指定各个方向上的缩放比例。【统一比例】复选框用于设定图块在 X、Y、Z 方向上缩放是否一致。

（3）【旋转】选项组。用于设定图块插入后的角度。选中【在屏幕上指定】复选框，则可以在命令行中指定旋转角度，否则用户可以直接在【角度】文本框中输入数值来指定旋转角度。

（4）【分解】复选框。用于控制插入后图块是否自动分解为基本的图元。

15.2 查 询 命 令

AutoCAD 的查询命令可以方便地查询相关的图形信息，如查询指定两点间的距离、区域的面积、点的坐标等。

15.2.1 查询距离

15.2.1.1 命令激活方式

（1）选择【菜单浏览器】 / 【工具】/【查询】/【距离】。

（2）单击功能区【工具】选项卡/【查询】面板上的 按钮。

（3）在命令行中输入 Dist ↙ 或 DI ↙。

利用 DIST 命令可以计算任意选定两点间的距离，并得到如下信息：①以当前绘图单位表示的点间距；②在 xy 平面中的倾角；③与 xy 平面的夹角。

15.2.1.2 操作步骤

以图 15.19 为例，讲解对线段 CD 的距离及倾角查询的具体操作。

单击功能区【工具】选项卡/【查询】面板上的▤按钮，激活"距离"命令。命令行出现如下提示：

命令：'_dist
指定第一点：　　　　　　　　　　　　　　　（捕捉线段的下端点 C 点）
指定第二点：　　　　　　（捕捉线段的上端点 D 点，则查询结果如下）
距离 = 40，XY 平面中的倾角 = 138，与 XY 平面的夹角 = 0
X 增量 = −30，Y 增量 = 27，Z 增量 = 0

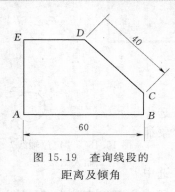

图 15.19　查询线段的
距离及倾角

15.2.2　查询面积

使用"面积"命令，不但可以查询图形或区域的面积和周长，还可以对面积进行加减运算。

15.2.2.1　命令激活方式

（1）选择【菜单浏览器】▣/【工具】/【查询】/【面积】。

（2）单击功能区【工具】选项卡/【查询】面板上的▤按钮。

（3）在命令行中输入 Area ↙。

15.2.2.2　操作步骤

以图 15.19 为例，讲解查询五边形 *ABCDE* 面积的具体操作。

单击功能区【工具】选项卡/【查询】面板上的▤按钮，激活"面积"命令。命令行出现如下提示：

命令：_area
指定第一个角点或 ［对象(O)/加(A)/减(S)］：　　　　　　　　　（捕捉 A 点）
指定下一个角点或按 ENTER 键全选：　　　　　　　　　　　　（捕捉 B 点）
指定下一个角点或按 ENTER 键全选：　　　　　　　　　　　　（捕捉 C 点）
指定下一个角点或按 ENTER 键全选：　　　　　　　　　　　　（捕捉 D 点）
指定下一个角点或按 ENTER 键全选：　　　　　　　　　　　　（捕捉 E 点）
指定下一个角点或按 ENTER 键全选：　　　　　　　　　（↙，退出命令）
面积 = 1864，周长 = 179

系统查询并列出该五边形的面积和周长。

15.2.2.3　命令行中各选项解析

（1）"对象"选项。用于查询单个闭合图形的面积和周长，如圆、矩形、多边形等。此外，使用此选项也可以查询由多段线或样条曲线所围成的面积和周长。

（2）"加"选项。主要用于将新选图形的面积加入总面积中，此功能属于"面积的加法运算"。

（3）"减"选项。用于将所选图形的面积从总面积中减去，此功能属于"面积的减法运算"。

对于线宽大于零的多段线或样条曲线，AutoCAD 将按其中心线来计算面积和周长；

对于非封闭的多段线或样条曲线，AutoCAD 假想已有一条直线连接多段线或样条曲线的首尾，然后计算该封闭框架的面积，但周长并不包括那条假想的连线，即周长是多段线的实际长度。

15.2.3 查询坐标

"点坐标"命令主要用于查询点的 X 坐标值和 Y 坐标值，所查询出的坐标值为点的绝对坐标值。

15.2.3.1 "点坐标"命令启动

（1）选择【菜单浏览器】 /【工具】/【查询】/【点坐标】。

（2）单击功能区【工具】选项卡/【查询】面板上的 按钮。

（3）在命令行中输入 Id↙ 。

15.2.3.2 操作步骤

单击功能区【工具】选项卡/【查询】面板上的 按钮。则在命令行中出现如下提示：

```
命令：id
指定点：          （捕捉需要查询坐标的点 A，则 AutoCAD 出现如下信息）
X＝1074   Y＝1421   Z＝0
```

15.3 对象特性及其修改与匹配

每个对象都有特性，有些特性是对象共有的，如图层、颜色和线型等。有些特性是对象独有的，如长度、直径、角度等。对象特性可以查看和修改，也可以在对象之间进行复制。

15.3.1 对象特性的设置及修改

绘制完图形后，一般还需要对图形进行各种特性和参数的设置、修改，以便进一步完善和修正图形来满足工程制图和实际加工的需要。一般通过【特性】、【样式】、【图层】工具栏和【特性】选项板对对象特性进行设置。

15.3.1.1 【特性】工具栏

在 AutoCAD 提供的【特性】工具栏中，图层的颜色、线型和线宽的默认设置都是随层（ByLayer），也可以不随当前图层设置，如图 15.20 所示。

图 15.20 【特性】工具栏

1. 设置当前图形颜色

在【特性】工具栏的【颜色控制】下拉列表框中，选中某种颜色，如图 15.21 所示。如此设置仅可改变当前要绘制图形的颜色，并不改变当前图层颜色。

【颜色控制】下拉列表框中各选项解析如下：

（1）"随层"（ByLayer）选项表示图线颜色按图层设置的颜色来定。

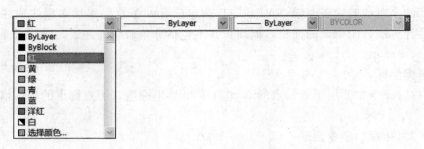

图 15.21　【颜色控制】下拉列表框

（2）"随块"（ByBlock）选项表示图线颜色按图块本身的颜色来定。

如果选择以上两者之外的颜色，随后所绘制的图形颜色将是独立的，不随图层的变化而变化。

2. 设置当前图形线型

在【特性】工具栏的【线型控制】下拉列表框中，选中某种线型，如图 15.22 所示。如此设置仅可改变当前绘制图形的线型，并不改变当前图层中的线型。

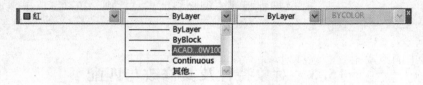

图 15.22　【线型控制】下拉列表框

3. 设置当前图形线宽

在【特性】工具栏的【线宽控制】下拉列表框中，选中某种线宽，如图 15.23 所示。如此设置仅可改变当前绘制图形的线宽，并不改变当前图层中的线宽。

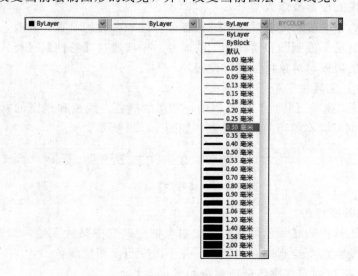

图 15.23　【线宽控制】下拉列表框

15.3.1.2 【特性】选项板

在如图 15.24 所示的窗口为 AutoCAD 图形对象的特性窗口，在此窗口中可显示出每一种 CAD 图元的基本特性、几何特性及其他特性等。用户可通过此窗口查看和修改图形对象的内部特性。

1.【特性】命令的启动

（1）选择【菜单浏览器】 / 【工具】/ 【选项板】/ 【特性】。

（2）选择【菜单浏览器】 / 【修改】/ 【特性】。

（3）单击功能区【视图】选项卡/【选项板】面板中的【特性】按钮。

（4）在命令行中输入 Properties✓ 或 PR✓。

（5）按组合键"Ctrl+1"。

2. 具体操作

执行【特性】命令后，可打开如图 15.24 所示的【特性】窗口。其中，系统默认的特性窗口共包括【常规】、【三维效果】、【打印样式】、【视图】和【其他】五个组合框，分别用于控制和修改所选对象的各种特性。

在绘图窗口中选择一个或多个需要修改的图形，打开【特性】选项板，如图 15.24 所示。在【特性】选项板中，使用选项板中的滚动条查看选择对象的特性内容，单击每个类别右侧的符号▲或▼，展开或折叠列表，可对表中每一项内容进行修改。

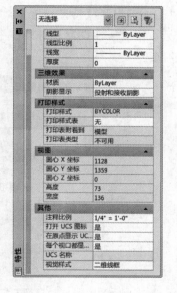

图 15.24　【特性】窗口

15.3.2　特性匹配

"特性匹配"命令用于将一个图形的多重特性复制给另外一个图形，使这些图形对象拥有相同的特性。

15.3.2.1　"特性匹配"命令的启动

（1）选择【菜单浏览器】 / 【修改】/ 【特性匹配】。

（2）单击功能区【常用】选项卡/【特性】面板中的按钮。

（3）在命令行中输入 Matchprop✓、Painter✓ 或 MA✓。

15.3.2.2　操作步骤

（1）激活命令后，命令行提示"选择源对象"，这时光标变为选择框，选择如图 15.25（a）所示的"上游立面图"的外部轮廓线作为源对象后，光标变成特性刷和选择框。

（2）用特性刷逐一单击"下游立面图"的外部轮廓线，结束选择后的图形如图 15.25（b）所示。

（3）【特性设置】对话框设置。

"特性匹配"命令在默认情况下，是将源对象的全部特性复制到其他对象上去，若只复制部分特性，可打开【特性设置】对话框进行设置。

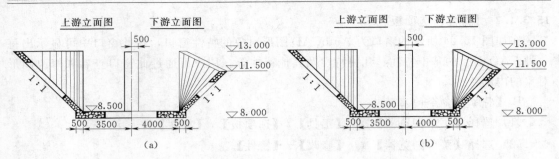

图 15.25　特性匹配

（a）下游立面轮廓匹配前；（b）下游立面轮廓匹配后

　　激活"特性匹配"命令后，先选择源对象，当光标变成特性刷时，在命令行输入"S"，可打开【特性设置】对话框，如图 15.26 所示。

　　在【特性设置】对话框中，取消不希望复制的特性（默认状态是对所有特性都进行了勾选）。

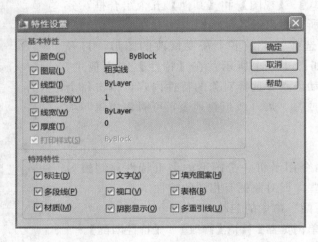

图 15.26　【特性设置】对话框

思　考　题

一、问答题

（1）为什么要创建图块，并简述图块的作用？

（2）BLOCK 和 WBLOCK 有什么区别？

（3）定义块属性时，属性可以设置为哪六种模式？

（4）如何启动"特性匹配"命令？

二、上机操作

（1）创建如图 15.27 所示的高程标注的属性块。

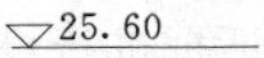

▽25.60

图 15.27　高程标注

（2）绘制如图 15.28 所示的窗的图形，将其命名为"窗"并创建成独立图块保存。

（3）求如图 15.29 所示的任意四边形所围成的面积？

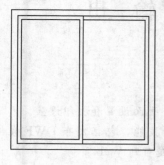

图 15.28　窗

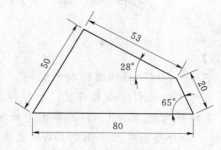

图 15.29　任意四边形

第 16 章 打 印 输 出

【学习要求】

（1）了解 AutoCAD 的两种打印空间。

（2）熟练掌握输出设备的设置，打印样式的设置，页面设置和打印设置。

（3）了解并掌握 AutoCAD 发布图形的相关知识和技能，包括发布 DWF 文件，输出 DWF 文件，在外部浏览器中浏览 DWF 文件，将图形发布到 Web 页。

AutoCAD 2009 提供了图形输入与输出接口。不仅可以将其他应用程序中处理好的数据传送给 AutoCAD，以显示其图形，还可以将在其中绘制好的图形打印出来，或者把它们的信息传送给其他应用程序。

此外，为适应互联网络的快速发展，使用户能够快速有效地共享设计信息，Auto-CAD 2009 强化了其 Internet 功能，使其与互联网相关的操作更加方便、高效，可以创建 Web 格式的文件（DWF），以及发布 AutoCAD 图形文件到 Web 页。

16.1　认 识 打 印 空 间

在 AutoCAD 中，为了便于输出各种规格的图纸，系统提供了两种工作空间：一种是模型空间，它用于绘制图形，以及为图形标注尺寸。初学者打印图形一般都是在"模型"

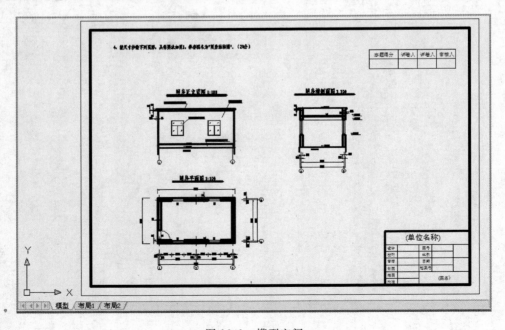

图 16.1　模型空间

空间中进行，此时的打印操作方便、简单，但此空间在图形的打印输出功能上有所限制，用户仅能以单一的比例进行打印，并且打印比例不容易调整；一种是布局空间，它完全模拟图纸，用户可以在其中为图形输入注释信息，绘制标题栏和图纸框等。在布局空间中，用户不仅可以单视口、单比例的方式打印图形，还可以多视口、多比例的方式打印。此外，用户还可以为图形创建多个布局图，以适应各种不同的要求。

　　AutoCAD 默认设置下为模型空间（见图 16.1），用户如果需要切换到布局空间（见图 16.2），可以通过单击绘图区下部的标签实现，如图 16.3 所示。

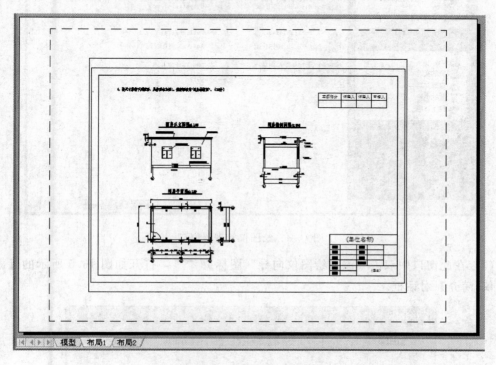

图 16.2　布局空间

图 16.3　打印空间切换标签

16.2　打 印 设 置

16.2.1　输出设备的设置

　　在打印输出图形之前，首先需要配置打印输出设备，在 AutoCAD 中可以通过绘图仪管理器来配置绘图仪设备。

　　下面通过配置 MS−Windows BMP（非压缩 DBI）型号的打印机，来学习绘图仪管理器命令的操作技巧和方法。

(1) 选择【文件】/【绘图仪管理器】后，打开如图 16.4 所示的"Plotter"窗口。

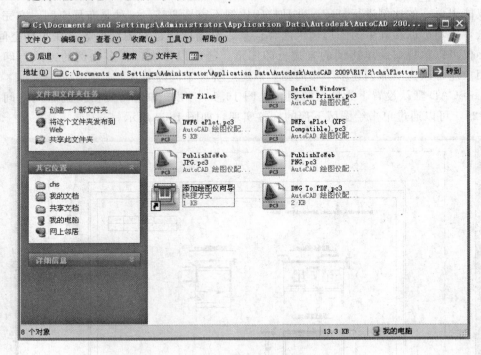

图 16.4 绘图仪管理器窗口

(2) 在此窗口中双击"添加绘图仪向导"图标 ，打开如图 16.5 所示的【添加绘图仪-简介】对话框。

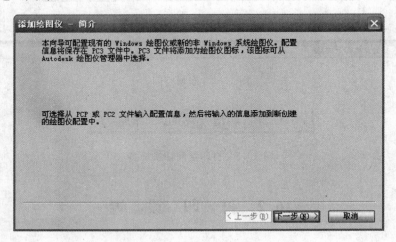

图 16.5 【添加绘图仪-简介】对话框

(3) 依次单击【下一步】按钮，打开【添加绘图仪-绘图仪型号】对话框，设置绘图仪型号及生产商，如图 16.6 所示。

(4) 依次单击【下一步】按钮，直到打开【添加绘图仪-完成】对话框，如图 16.7 所示。

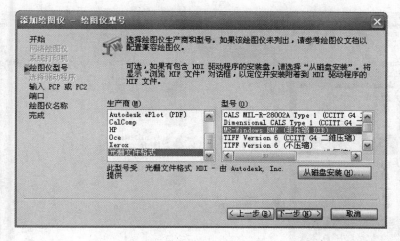

图 16.6　【添加绘图仪-绘图仪型号】对话框

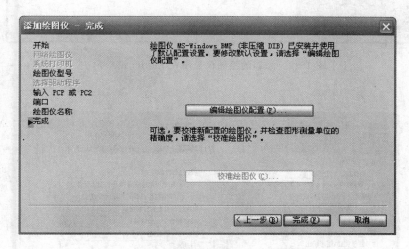

图 16.7　【添加绘图仪-完成】对话框

（5）单击【完成】按钮，至此就添加了一个名为"MS-Windows BMP（非压缩 DIB）"的绘图仪，绘图仪会自动出现在"Plotter"窗口内，如图 16.8 所示。

16.2.2　打印样式的设置

在 AutoCAD 中，系统提供了两种打印样式：颜色相关打印样式和命名打印样式。其中，颜色相关打印样式是指根据图形中的颜色来确定出图效果，因此我们可以通过图层给对象设置不同的颜色，然后再利用打印样式表来指定每种颜色的输出特性，如线宽、线型等；命名打印样式的出图效果与颜色无关。颜色相关打印样式文件扩展名为".ctb"。命名打印样式是由命名打印样式表定义的，可以独立于图形对象的颜色使用，不需要考虑图层及对象的颜色。命名打印样式文件扩展名为".stb"。

下面通过添加名为"c1"的颜色相关打印样式表，学习打印样式的设置技巧和方法。

（1）选择【工具】/【选项】后，在弹出如图 16.9 所示的【选项】对话框，单击【打印和发布】选项卡，根据自己安装的打印机型号设置默认输出设备，设置完毕后单击【确

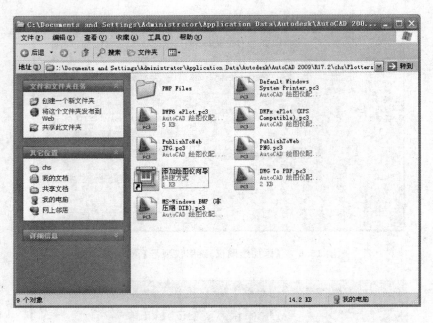

图 16.8　添加的绘图仪显示在 Plotter 窗口内

定】按钮。

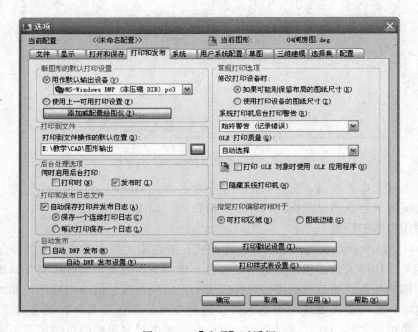

图 16.9　【选项】对话框

（2）选择【文件】/【打印】，打开如图 16.10 所示的【打印-模型】对话框，在【打印机/绘图仪】设置区中选择打印机的名称。

（3）单击对话框右下角的 ⊙ 按钮，在【打印样式表（笔指定）】下拉列表中选择"新

图 16.10 【打印-模型】对话框

建",如图 16.11 所示。

图 16.11 【打印样式】下拉列表

（4）在弹出如图 16.12 所示的【添加颜色相关打印样式表-开始】对话框中，单击选中【创建新打印样式表】单选钮后，单击【下一步】按钮。

（5）在弹出如图 16.13 所示的【添加颜色相关打印样式表-文件名】对话框中输入"c1"。

（6）单击【下一步】按钮，打开如图 16.14 所示的【添加颜色相关打印样式表-完成】对话框，选中【对当前图形使用此样式表】复选框，最后单击【完成】按钮，返回【打印-模型】对话框。

199

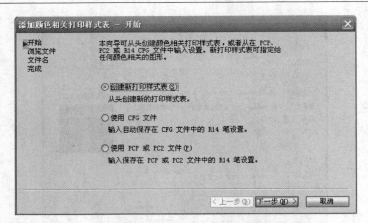

图 16.12 【添加颜色相关打印样式表-开始】对话框

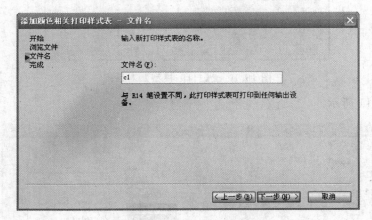

图 16.13 【添加颜色相关打印样式表-文件名】对话框

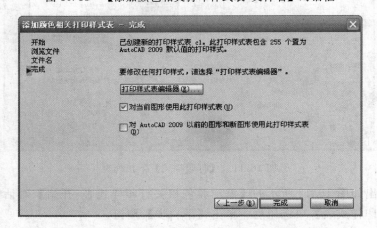

图 16.14 【添加颜色相关打印样式表-完成】对话框

(7) 单击【打印样式表】设置区中的【编辑】按钮，打开如图 16.15 所示的【打印样式表编辑器】对话框，将【打印样式】下拉列表中前八种颜色的线宽设置为 0.25，将第 255 种颜色的线宽设置为 0.5。

（8）单击【保存并关闭】按钮，返回到【打印-模型】对话框。打印样式设置完成，就可以在输出图纸时使用它了。

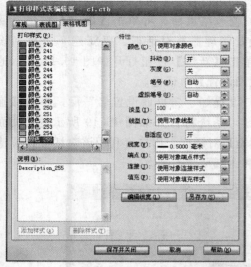

图 16.15 【打印样式表编辑器】对话框　　　　图 16.16 【页面设置管理器】对话框

16.2.3 页面设置

AutoCAD 提供的页面设置功能，可以在该对话框中设置输出设备、图纸尺寸、打印区域等参数，并且页面设置可以保存在图形文件中。要进行页面设置，可执行如下操作。

（1）选择【文件】/【页面设置管理器】，弹出如图 16.16 所示的【页面设置管理器】对话框。

图 16.17 【页面设置-模型】对话框

图 16.18　【新建页面设置】对话框

（2）单击【修改】按钮，打开如图 16.17 所示的【页面设置－模型】对话框，然后利用该对话框设置输出设备、图纸尺寸等。

（3）修改结束后，可单击【确定】按钮返回【页面设置管理器】对话框。要新建一个页面设置，可单击【新建】按钮打开如图 16.18 所示的【新建页面设置】对话框。

（4）设置好"新页面设置名"后，单击【确定】按钮，系统将打开如图 16.19 所示的【页面设置-模型】对话框，用户可利用该对话框设置输出设备和图纸尺寸等参数。

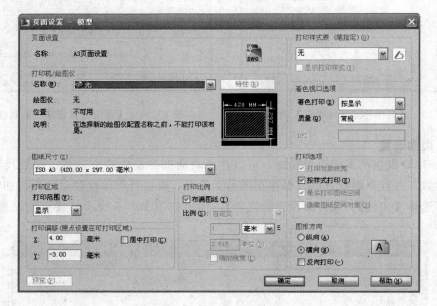

图 16.19　【页面设置－模型】对话框

（5）设置好页面参数后，单击【确定】按钮，新建页面设置名称出现在如图 16.20 所示的【当前页面设置】列表中。

（6）如果希望将该页面设置作为当前页面设置，可单击【置为当前】按钮。如此一来，以后再打印或打印预览模型空间图形时，系统会自动调用该页面设置。

16.2.4　打印设置

在 AutoCAD 中，可以使用【打印】对话框打印输出图形。当在绘图窗口中选择一个【布局】选项卡后，选择【文件】/【打印】，打开【打印】对话框，如图 16.21 所示。

【打印】对话框的内容与【页面设置】对话框中的内容基本相同，此外还可以设置以下选项：

（1）【页面设置】选项区域的【名称】下拉列表框。可以选择打印设置，并能够随时保存、命名和恢复【打印】和【页面设置】对话框中的所有设置。单击【添加】按钮，打

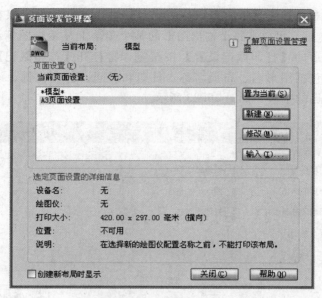

图 16.20 　【当前页面设置】列表

图 16.21 　【打印-布局】对话框

开【添加页面设置】对话框，可以从中添加新的页面设置，如图 16.22 所示。

（2）【打印机/绘图仪】选项区域中的
【打印到文件】复选框，可以指示将选定的布局发送到打印文件，而不是发送到打印机。

（3）【打印份数】文本框。可以设置每次打印图纸的份数。

（4）【打印选项】选项区域中，选中【后台打印】复选框，可以在后台打印图形；选

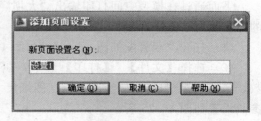

图 16.22 　【添加页面设置】对话框

203

中【将修改保存到布局】复选框，可以将打印对话框中改变的设置保存到布局中；选中
【打开印戳记】复选框，可以在每个输出图形的某个角落上显示绘图标记，以及生成日志
文件，此时单击其后的【打印戳记设置】按钮☑，将打开【打印戳记】对话框，可以设
置打印戳记字段，包括图形名、布局名称、日期和时间、打印比例、设备名及图纸尺寸
等，还可以定义自己的字段，如图 16.23 所示。

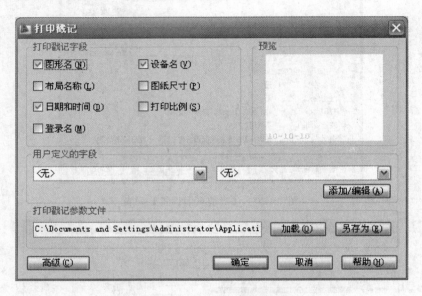

图 16.23　【打印戳记】对话框

　　各部分都设置完成之后，在【打印】对话框中单击【完成】按钮，AutoCAD 将开始
输出图形，并动态显示绘图进度。如果图形输出时出现错误或要中断绘图，可按 "Esc"
键，AutoCAD 将结束图形输出。

16.3　在模型空间输出图形

　　初学者打印图形一般都是在 "模型" 空间中进行，此时的打印操作方便、简单。要执
行 "打印" 命令，可选择【文件】/【打印】菜单，在命令行中输入 "PLOT" 命令，或
单击【标准】工具栏中的【打印】工具，此时系统将弹出【打印-模型】对话框，然后在
该对话框中设置其相关参数，即可输出图纸了。

　　下面通过在模型空间打印输出 "大坝涵管纵剖面图" 为例，来学习模型空间输出图形
的操作技巧和方法。

　　（1）打开 "涵管配筋图.dwg"，如图 16.24 所示。

　　（2）选择【文件】/【打印】命令，在弹出的【打印-模型】对话框中设置其相关参
数，包括选择 "打印机/绘图仪"、"图纸尺寸"、"打印样式"、"打印范围" 等，本例具体
参数设置如图 16.25 所示。

　　（3）单击【预览】按钮，即可预览到图形输出是否符合要求。若不符合，可在【打印-

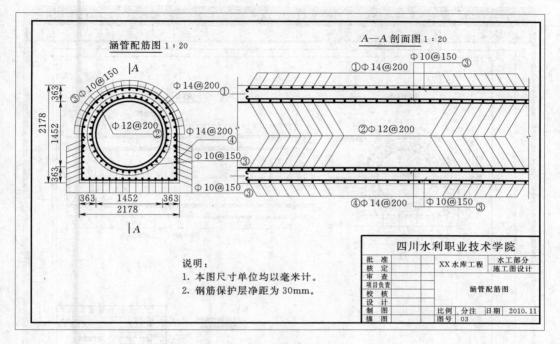

图 16.24　涵管配筋图

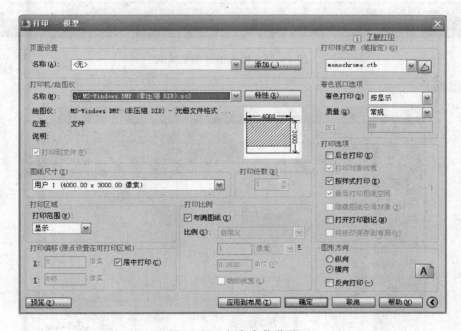

图 16.25　打印参数设置

模型】对话框中进一步修改相关参数。本例预览效果如图 16.26 所示。

（4）若符合输出要求要求，可单击【确定】按钮，在弹出如图 16.27 所示的【浏览打印文件】对话框中设置输出文件保存的位置、文件名和文件类型后，单击【保存】按钮即

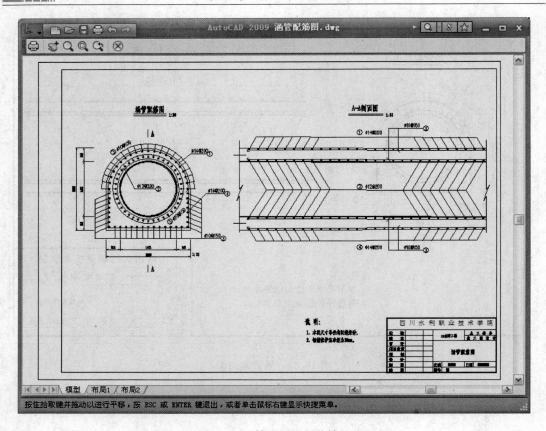

图 16.26 输出图形预览效果

可输出图纸了。

图 16.27 【浏览打印文件】对话框

（5）待打印进度条显示打印完成后，便可在上一步的【浏览打印文件】对话框中所设置的输出文件保存位置中找到输出的图纸，本例输出图纸如图 16.28 所示。

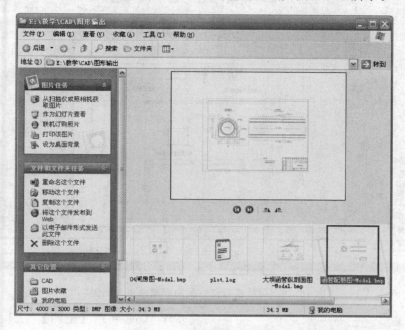

图 16.28　打印输出的"涵管配筋图"

16.4　在布局空间输出图形

在模型空间中直接打印图纸虽然简单，但不够灵活。在布局空间打印图纸不仅灵活而且出图效率更高。例如，我们可以将在布局空间规划好的图纸尺寸、图形输出布局、标题栏和图框的图形保存为图形样板，以后可以直接利用该图形样板新建图形，或者利用图形样板为其他图形创建布局图。

16.4.1　打印简单平面图形

下面通过在布局空间打印输出"闸房正立面图"为例，来学习布局空间输出简单平面图形的操作技巧和方法。

（1）打开中的"闸房正面图.dwg"，设置图层。然后单击绘图区下面的"布局 1"选项卡，切换到"布局 1"画面，如图 16.29 所示。

（2）选择【文件】/【页面设置管理器】菜单，打开如图 16.30 所示的【页面设置管理器】对话框。

（3）单击【修改】按钮，打开【页面设置】对话框，在【打印机/绘图仪】设置区打开【名称】下拉列表，选择目前可以使用的图形输出设备，然后关闭对话框。

（4）单击浮动视口边界，然后按"Delete"键，删除浮动视口。将"图框与标题栏"图层设置为当前图层，单击【绘图】工具栏中的【矩形】工具，沿有效打印区指示框边缘并稍稍靠里绘制一个矩形作为图框，如图 16.31 所示。

（5）利用"表格"工具绘制标题栏如图 16.32 所示的标题栏。

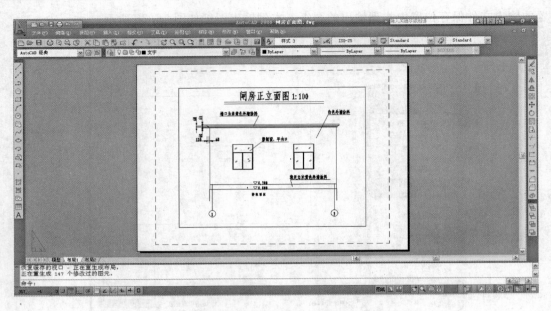

图 16.29　切换到布局空间的"闸房正立面图"

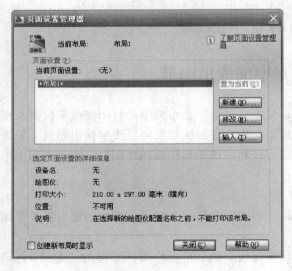

图 16.30　【页面设置管理器】对话框

（6）利用【绘图】工具栏中的【多行文字】工具，在标题栏的合适位置输入如图 16.33 所示的文字。

（7）打开【特性】工具栏，依次单击选中矩形图框和标题栏外框线，打开【特性】工具栏中的线宽下拉列表，从中选择 0.35mm，以改变其线宽。

（8）将"浮动视口边界"图层设置为当前图层，然后选择【视图】/【视口】/【多边形视口】菜单，依次捕捉视口边界并单击，最后输入"C"封闭图形。

（9）双击浮动视口区，激活浮动视口，然后选择【视图】/【缩放】/【比例】菜单，输入"0.8X"并按"Enter"键，缩小视口中的图形。接下来单击【标准】工具栏中的【实时平移】按钮，在浮动视口中单击并拖动鼠标，调整图形在浮动视口中的位置，效果如图 16.34 所示。

（10）单击【标准】工具栏中的【打印预览】工具，可预览图形打印效果。在打印预览画面中单击鼠标右键，从弹出的快捷菜单中选择【打印】，可打印图纸。

16.4.2　多比例视口打印

打印出图时往往需要在一张图纸内打印不同比例的图形，AutoCAD 提供的多比例打印功能可以轻松地解决这一问题。

208

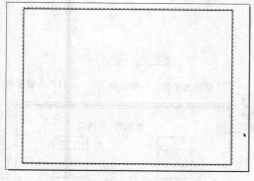

图 16.31 绘制图框

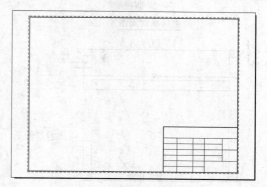

图 16.32 绘制标题栏

下面通过在布局空间打印输出如图 16.35、图 16.36、图 16.37 所示的"闸房"横剖面图、正立面图、平面图为例，来学习在布局空间多比例多视口输出图形的操作技巧和方法。

（1）打开素材包中的"闸房图.dwg"，设置图层。然后单击绘图区下面的"布局 1"选项卡，切换到"布局 1"画面，如图 16.38 所示。

（2）选择【文件】/【页面设置管理器】菜单，打开【页面设置管理器】对话框。

（单位名称）		
设计	图号	
校对	比例	
审核	日期	
制图	档案号	
描图		（图名）
批准		

图 16.33 为标题栏添加文字

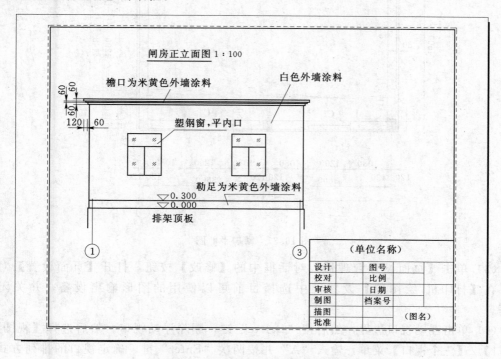

图 16.34 重绘视口导入图形并调整图形

209

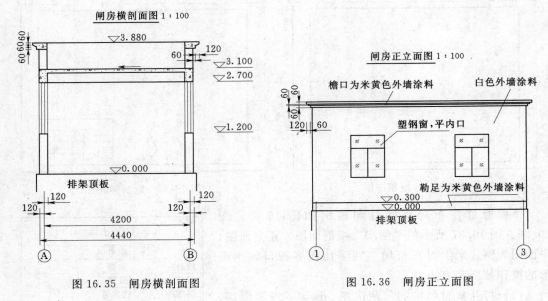

图 16.35 闸房横剖面图

图 16.36 闸房正立面图

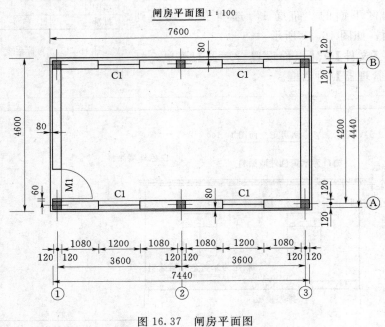

图 16.37 闸房平面图

（3）单击【页面设置管理器】对话框中的【修改】按钮，打开【页面设置】对话框，在【打印机/绘图仪】设置区中选择目前可以使用的图形输出设备，并关闭对话框。

（4）单击浮动视口边界，然后按"Delete"键，删除浮动视口。然后选择【视图】/【视口】/【三个视口】菜单，输入"A"并按两次"Enter"键，确定视口的排列方式且布满整个图纸，效果如图 16.39 所示。

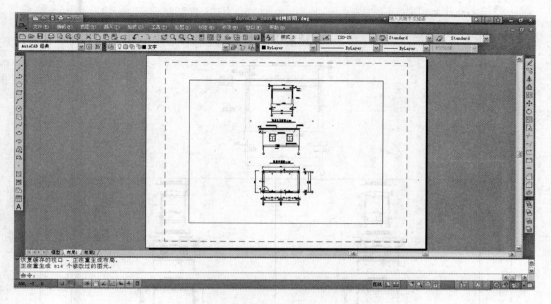

图 16.38　切换到布局空间的"闸房图"

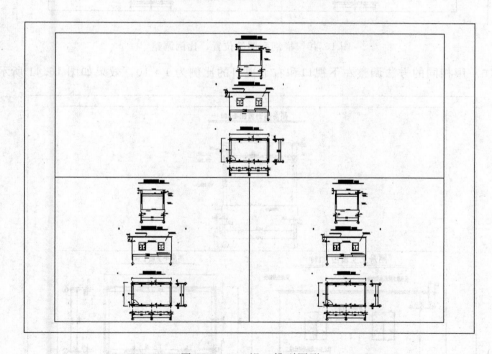

图 16.39　三视口排列图形

（5）双击上图中的浮动视口，将其激活。然后单击【标准】工具栏中的【实时平移】工具，将横剖面图移动到当前视口的中间位置。接着打开【视口】工具栏，然后选取比例"1：15"，最后用【实时平移】工具移动图形到当前视口的中间位置，效果如图 16.40 所示。

211

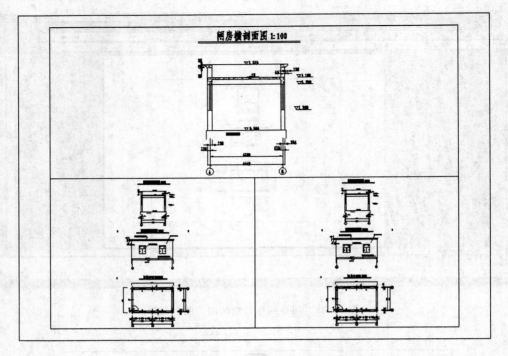

图 16.40　横剖面图的位置、比例调整

（6）用相同的方法调整左下视口和右下视口的比例为 1∶10，效果如图 16.41 所示。

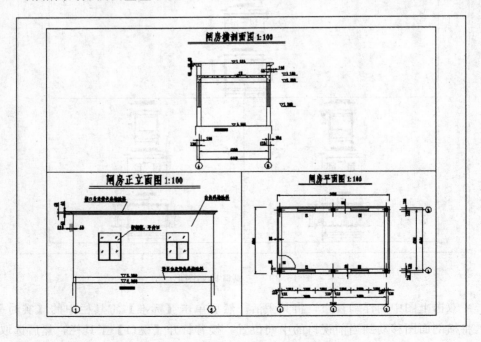

图 16.41　正立面和平面图的位置、比例调整

（7）打印预览效果如图 16.42 所示。

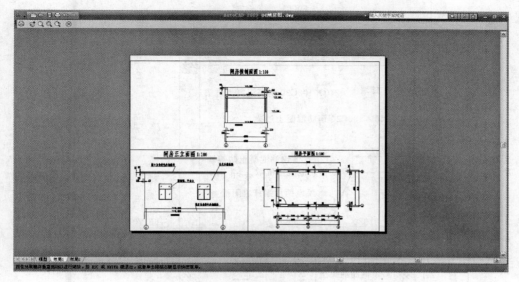

图 16.42　打印预览效果

16.5 发 布 图 形

16.5.1　发布 DWF 文件

现在，国际上通常采用 DWF（Drawing Web Format，图形网络格式）图形文件格式。DWF 文件可在任何装有网络浏览器和 Autodesk WHIP！插件的计算机中打开、查看和输出。

DWF 文件支持图形文件的实时移动和缩放，并支持控制图层、命名视图和嵌入链接显示效果。DWF 文件是矢量压缩格式的文件，可提高图形文件打开和传输的速度，缩短下载时间。以矢量格式保存的 DWF 文件，完整地保留了打印输出属性和超链接信息，并且在进行局部放大时，基本能够保持图形的准确性。

16.5.2　输出 DWF 文件

要输出 DWF 文件，必须先创建 DWF 文件，在这之前还应创建 ePlot 配置文件。使用配置文件 ePlot.pc3 可创建带有白色背景和纸张边界的 DWF 文件。

通过 AutoCAD 的 ePlot 功能，可将电子图形文件发布到 Internet 上，所创建的文件以 Web 图形格式（DWF）保存。用户可在安装了 Internet 浏览器和 Autodesk WHIP！4.0 插件的任何计算机中打开、查看和打印 DWF 文件。DWF 文件支持实时平移和缩放，可控制图层、命名视图和嵌入超链接的显示。

在使用 ePlot 功能时，系统先按建议的名称创建一个虚拟电子出图。通过 ePlot 可指定多种设置，如指定画笔、旋转和图纸尺寸等，所有这些设置都会影响 DWF 文件的打印外观。

下面通过创建 DWF 文件为例，来学习输出 DWF 文件的操作技巧和方法。

（1）打开"启闭房大样图.dwg"，如图 16.43 所示。

213

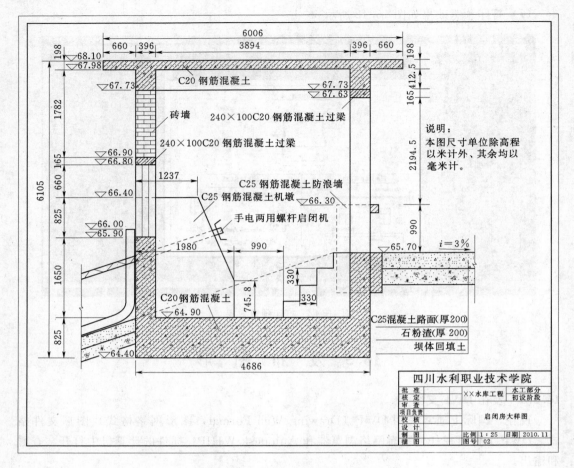

图 16.43　启闭房大样图

（2）选择【文件】/【打印】，打开【打印】对话框。

（3）在【打印机/绘图仪】选项区域的【名称】下拉列表框中，选择"DWF6 ePlot.pc3"选项，如图 16.44 所示。

（4）单击【确定】按钮，在打开的【浏览打印文件】对话框中设置 ePlot 文件的名称和路径，如图 16.45 所示。

（5）单击保存按钮，即可完成 DWF 文件的创建操作。

16.5.3　在外部浏览器中浏览 DWF 文件

如果在计算机系统中安装了 4.0 或以上版本的 WHIP! 插件和浏览器，则可在 Internet Explorer 或 Netscape Communicator 浏览器中查看 DWF 文件。如果 DWF 文件包含图层和命名视图，还可在浏览器中控制其显示特征。

如上例中输出的 DWF 文件在 Internet 浏览器中查看的效果图，如图 16.46 所示。

16.5.4　将图形发布到 Web 页

在 AutoCAD 2009 中，选择【文件】/【网上发布】，即使不熟悉 HTML 代码，也可以方便、迅速地创建格式化 Web 页，该 Web 页包含有 AutoCAD 图形的 DWF、PNG 或 JPEG 等格式图像。一旦创建了 Web 页，就可以将其发布到 Internet。

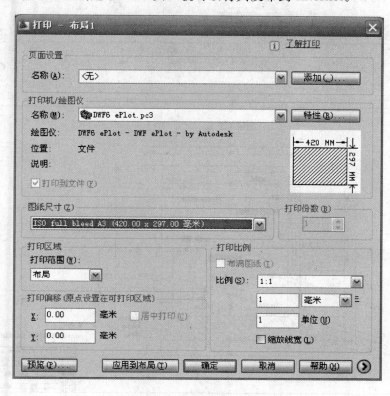

图 16.44　"打印"对话框的设置

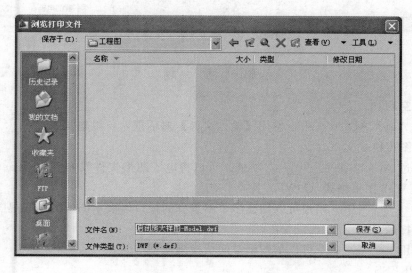

图 16.45　在"浏览打印文件"对话框中设置
文件名和保存位置

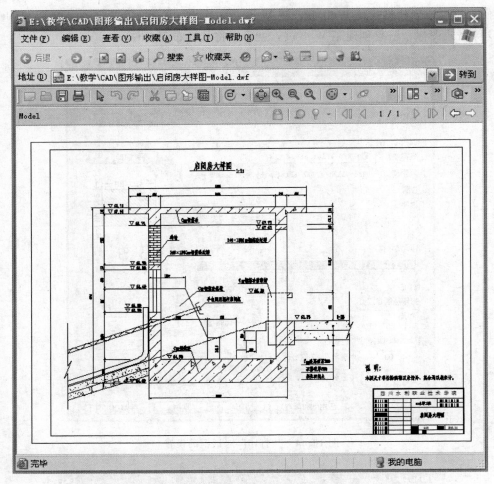

图 16.46　浏览 DWF 文件

思　考　题

一、填空题

（1）在 AutoCAD 2009 中，使用【输入文件】对话框，可以输入_____、_____
和_____图形格式文件。

（2）通过 AutoCAD 的_____功能，可以将电子图形文件发布到 Internet 上，所创
建的文件以 Web 图形格式（DWF）保存。

（3）在_____中，用户可以创建多个不重叠的视口以展示图形的不同视图。

二、选择题

（1）使用_____命令可以从图纸空间切换到模型空间。

A. IMPRESS

B. HIDE

C. MSPACE

D. PUBLISH

（2）AutoCAD 2009 系统允许输入以下_____格式的文件。

A. ACIS

B. 3D Studio

C. 图元文件

D. 以上均可以

（3）_____选项用来指定是否在每个输出图形的某个角落上显示绘图标记，以及是否产生日志文件。

A. 后台打印

B. 打开打印戳记

C. 打印到文件

D. 按样式打印

（4）图纸空间中，坐标显示的形状是_____。

A. 两个互相垂直的箭头

B. 世界坐标系统

C. 一个三角形

D. 三维坐标系

三、问答题

AutoCAD 为用户提供了哪两种操作空间？这两种操作空间有何功能及区别？

四、操作题

打开的"土石坝剖面 .dwg"图形文件，将此图形以三视口的形式，打印输出到 A3 图纸上，图形如图 16.47 所示。

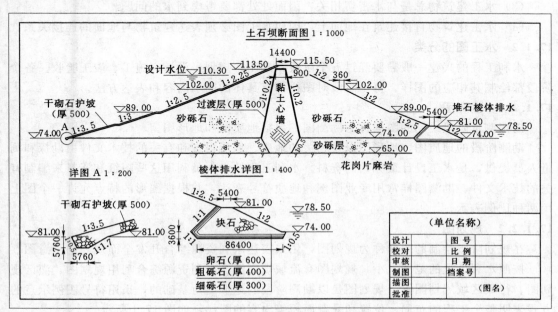

图 16.47　土石坝剖面图

第 17 章 水 利 工 程 图

【学习要求】

（1）了解水工图特点和分类。

（2）掌握水工图的表达方法和尺寸标注方法。

（3）能读懂水工图，能用 AutoCAD 绘制水工图。

前面的章节讲述了表达物体的形状、大小、结构的基本图示原理和方法，本章将结合水利工程的实际，研究如何运用这些基本原理和图示方法来绘制和识读水利工程图。

17.1 水工图的特点和分类

17.1.1 水工图的特点

水工图的绘制，除遵循制图基本原理以外，还根据水工建筑物的特点制定了一系列的表达方法，综合起来水工图有以下特点：

（1）水工建筑物形体庞大，有时水平方向和铅垂方向相差较大，水工图允许一个图样中纵横方向比例不一致。

（2）水工图整体布局与局部结构尺寸相差大，所以在水工图的图样中可以采用图例、符号等特殊表达方法及文字说明。

（3）水工建筑物总是与水密切相关，因而处处都要考虑到水的问题。

（4）水工建筑物直接建筑在地面上，因而水工图必须表达建筑物与地面的连接关系。

17.1.2 水工图的分类

水利工程的兴建一般需要经过五个阶段：勘测、规划、设计、施工、竣工验收。各个阶段都绘制其相应的图样，每一阶段对图样都有具体的图示内容和表达方法。

17.1.2.1 勘测图

勘探测量阶段绘制的图样称为勘测图，包括地质图和地形图。

勘测阶段的地质图、地形图以及相关的地质、地形报告和有关的技术文件由勘探和测量人员提供，是水工设计最原始的资料。水利工程技术人员利用这些图纸和资料来编制有关的技术文件。勘测图样常用专业图例和地质符号表达，并根据图形的特点允许一个图上用两种比例表示。

17.1.2.2 规划图

在规划阶段绘制的图样称为规划图，用来表达水利资源综合开发全面规划的示意图。

按照水利工程的范围大小，规划图有流域规划图、水利资源综合利用规划图、灌区规划图、行政区域规划图等。规划图是以勘测阶段的地形图为基础的，采用符号图例示意的方式表明整个工程的布局、位置和受益面积等内容的图样，如图 17.1 所示。

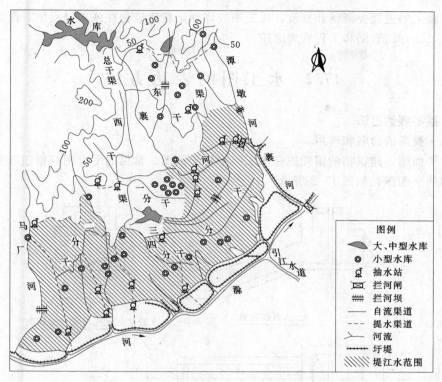

图 17.1　规划图

17.1.2.3　枢纽布置图和建筑结构图

在设计阶段绘制的图包括枢纽布置图、建筑结构图。一般在大型工程设计中分初步设计和技术设计，小型工程中可以合二为一。初步设计是进行枢纽布置，提供方案比较；技术设计是在确定初步设计方案以后，具体对建筑物结构和细部构造进行设计。

（1）枢纽布置图。为了充分利用水资源，由几个不同类型的水工建筑物有机地组合在一起，协同工作的综合体称为水利枢纽，表达水利枢纽布置的图样称为枢纽布置图，如图17.25 所示。枢纽布置图是将整个水利枢纽的主要建筑物的平面图形，按其平面位置画在地形图上。枢纽布置图反映出各建筑物的大致轮廓及其相对位置，是各建筑物定位、施工放样、土石方施工以及绘制施工总平面图的依据。

（2）建筑结构图。用于表达枢纽中某一建筑物形状、大小、材料以及与地基和其他建筑物连接方式的图样称为建筑结构图，如图17.26 所示。对于建筑结构图中由于图形比例太小而表达不清楚的局部结构，可采用大于原图形的比例将这些部位和结构单独画出。

17.1.2.4　施工图

施工图是表达水利工程施工过程中的施工组织、施工程序、施工方法等内容的图样，包括施工总平面布置图、建筑物基础开挖图、混凝土分块浇筑图、坝体温控布置图等。

17.1.2.5　竣工图

竣工图是指工程验收时根据建筑物建成后的实际情况所绘制的建筑物图样。水利工程在兴建过程中，由于受气候、地理、水文、地质、国家政策等各种因素影响较大，原设计图纸随着施工的进展要调整和修改，竣工图应详细记载建筑物在施工过程中对设计图修改的情况，以供存档查阅和工程管理之用。

17.2 水工图的表达方法

17.2.1 基本表达方法

17.2.1.1 视图的命名和作用

（1）平面图。建筑物的俯视图在水工图中称平面图。常见的平面图有枢纽布置图和单一建筑物的平面图，如图 17.2 所示。

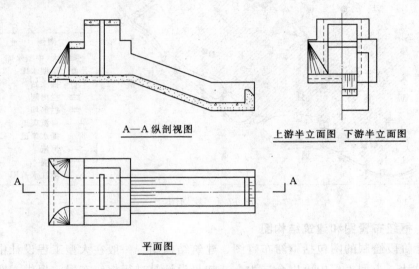

A—A纵剖视图　　　　　　上游半立面图　下游半立面图

平面图

图 17.2　溢洪道视图

（2）立面图。建筑物的主视图、后视图、左视图、右视图即反映高度的视图，在水工图中称为立面图。上、下游立面图均为水工图中常见的立面图，其主要表达建筑物的外部形状，如图 17.2 所示。

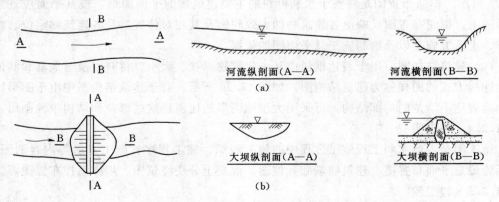

河流纵剖面（A—A）　　河流横剖面（B—B）

（a）

大坝纵剖面（A—A）　　大坝横剖面（B—B）

（b）

图 17.3　河流及建筑物的纵横剖面图
（a）河流纵横剖面图；（b）土石坝纵横剖面图

（3）剖视图、断面图。剖切平面平行于建筑物轴线剖切的剖视图或断面图，在水工图中称为纵剖视图或纵断面图；剖切平面垂直于建筑物轴线剖切的剖视图或断面图，在水工图中称为横剖视图或横断面图。河流及建筑物的纵横剖面图如图 17.3 所示。

（4）详图。将物体部分结构用大于原图的比例画出的图样称为详图，如图 17.4 所示。

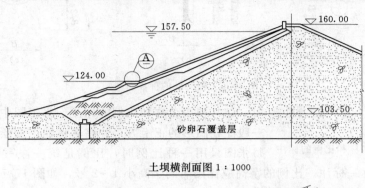

土坝横剖面图 1：1000

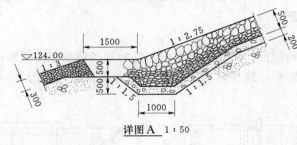

详图 A 1：50

图 17.4 详图图例

17.2.1.2 视图的配置

水工图的视图应尽量按照投影关系配置在一张图纸上，也可将同一建筑物的各视图分别画在单独的图纸上。

对于挡水建筑物，如挡水坝、水电站等应使水流方向在图样中呈现自上而下；对于输水建筑物，如水闸、隧洞、渡槽等应使水流方向在图中呈现自左向右。

17.2.1.3 视图的标注

（1）水流方向的标注。水工图的水流方向标注符号如图 17.5 所示。为了区分河流的左右岸，制图标准规定：视向顺水流方向（面向下游），左边为左岸，右边为右岸。

图 17.5 水流方向的标注符号

（2）地理方位的标注。用指北针符号（见图 17.6）注明建筑物的地理方位。指北针箭头指向正北。

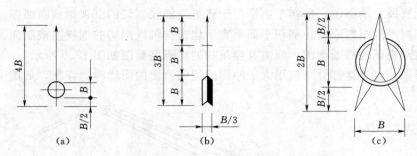

图 17.6　指北针的标注符号

平面图 1：500　　或　　$\dfrac{\text{平面图}}{1：500}$

图 17.7　视图名称和比例的标注

（3）视图名称和比例的标注。水工图中各个视图名称一般注在图形的正上方，并在名称的下面绘一粗实线。当整张图只用一种比例时，比例是统一注写在图纸标题栏内，否则，应逐一标注。比例的字高应比图名的字高小 1～2 号，如图 17.7 所示。

17.2.2　特殊表达方法

17.2.2.1　合成视图

对称或基本对称的图形，可将两个视向相反的视图或剖视图或断面图各画一半，并以对称线为界合成一个图形，这样形成的图形称为合成视图，如图 17.8 所示中的 B—B 和 C—C 是合成剖视图。

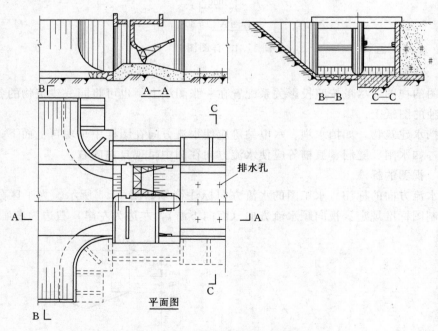

图 17.8　水闸合成视图与拆卸画法

17.2.2.2　拆卸画法

当视图、剖视图中所要表达的结构被另外的次要结构或填土遮挡时，可假想将其拆卸或掀掉，然后再进行投影，如图 17.8 所示的水闸左岸闸室平面图。

17.2.2.3 省略画法

省略画法就是通过省略重复投影、重复要素、重复图形等达到使图样简化的图示方法，如图 17.9 所示。

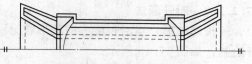

图 17.9 对称图形省略画法

17.2.2.4 不剖画法

对于构件支撑板、薄壁和实心的轴、柱、梁、杆等，当剖切平面平行其轴线或中心线时，这些结构按不剖绘制，用粗实线将它与其相邻部分分开，如图 17.10 所示。

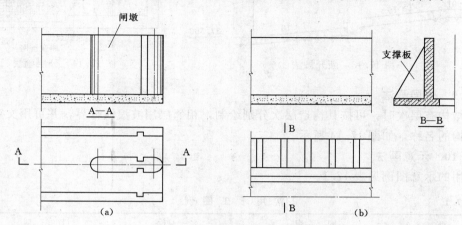

图 17.10 不剖画法
(a) 闸墩按不剖绘制；(b) 支撑板按不剖绘制

17.2.2.5 缝线的画法

水工建筑物中的各种缝线，如伸缩缝、沉陷缝、施工缝和材料分界缝等，这些缝线都用粗实线绘制。

17.2.2.6 展开画法

当构件、建筑物的轴线（或中心线）为曲线时，可以将曲线展开成直线绘制成视图、剖视图和断面图，如图 17.11 所示。

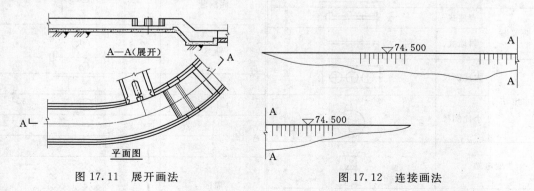

图 17.11 展开画法　　　　　图 17.12 连接画法

17.2.2.7 连接画法

较长的图形允许将其分成两部分绘制，再用连接符号表示相连，并用大写字母编号，如图 17.12 所示。

17.2.2.8 断开画法

较长的图形，当沿长度方向的形状为一致或按一定的规律变化时，可以用折断符号断开绘制，如图 17.13 所示。

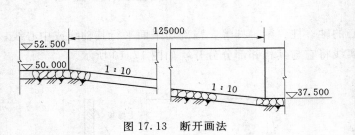

图 17.13 断开画法　　　　图 17.14 分层画法

17.2.2.9 分层画法

当结构有层次时，可按其构造层次分别绘制，相邻层用波浪线分界，并可用文字注写各层结构的名称，如图 17.14 所示。

17.2.2.10 示意画法

常用的示意图例见表 17.1。

表 17.1　　　　　　　　　　　常 用 水 工 图 例

名　　称		图　　例	名　　称		图　　例
水库	大型		土石坝		
	小型		水闸		
混凝土坝			溢洪道		
堤			渡槽		
防浪堤	直墙式		隧洞		
	斜墙式		涵洞管		（大）（小）
水电站	大比例尺		虹吸		（大）（小）
	小比例尺		跌水		
变电站			斗门		
泵站			沟	明沟	
				暗沟	
船闸			灌区		
			鱼道		

17.2.3 水工建筑物中常见曲面

17.2.3.1 柱面

在水工图中,规定在可见柱面上用细实线绘制若干素线,如图17.15所示。

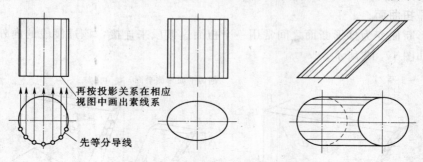

再按投影关系在相应
视图中画出素线系

先等分导线

图 17.15 柱面的表示方法

17.2.3.2 锥面

圆锥面上用细实线绘制若干示坡线或素线,其示坡线或素线一定要经过圆锥顶点的投影,如图17.16所示。

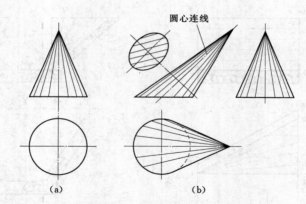

圆心连线

(a)   (b)

图 17.16 锥面的表示方法

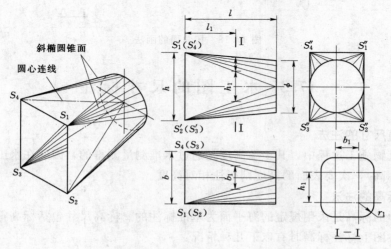

斜椭圆锥面

圆心连线

图 17.17 渐变面的画法

17.2.3.3 渐变面

在矩形断面和圆形断面之间，常用一个由矩形逐渐变化成圆形的过渡段来连接，这个过渡段的表面称为渐变面，如图 17.17 所示。

17.2.3.4 扭曲面

由矩形断面变为梯形断面之间常用一个扭面过渡段来连接，该过渡段的内外表面都是扭曲面，如图 17.18 所示。

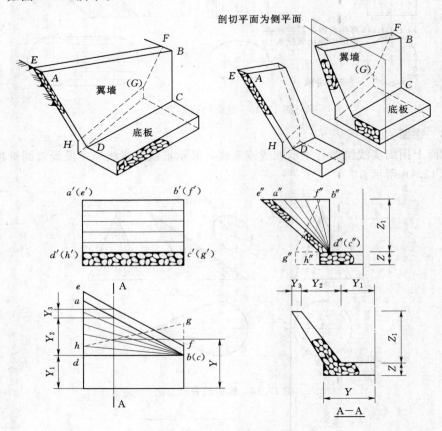

图 17.18 扭曲面的画法

17.3 水工图的尺寸标注

17.3.1 垂直尺寸的注法

水工建筑物施工过程中，其主要高度是通过水准测量测得的，因此在水工图中应标注高程（又称标高），次要表面的高度则标注相对高度。

17.3.1.1 标高的注法

水工图中的标高是采用规定的海平面为基准标注的。标高尺寸包括标高符号及标高数字两部分。在图上标注标高时有以下几种情况：

（1）立面图和铅垂方向的剖视图、断面图中，标高符号一律采用如图 17.19（a）所示的 90°等腰三角形符号，用细实线画出，其中 h 约为字高的 2/3。标高符号的尖端向下指，也可以向上指，但尖端必须与被标注高度的轮廓线或引出线接触。标高数字一律注写在标高符号的右边，标高数字一律以 m 为单位。零点标注成 ±0.000 或 ±0.00，正数标高数字前不加"＋"号，负数标注数字前必须加"－"号。

（2）平面图中的标高符号采用如图 17.19（b）所示的形式，是用细实线画出的矩形线框，标高数字写入线框中。当图形较小时，可将符号引出标注，如图 17.19（f）所示，或断开有关图线后标注，如图 17.19（f）所示。

（3）水面标高（简称水位）的符号如图 17.19（c）所示，水面线以下画三条细实线，特征水位标高的标注形式如图 17.19（d）所示。

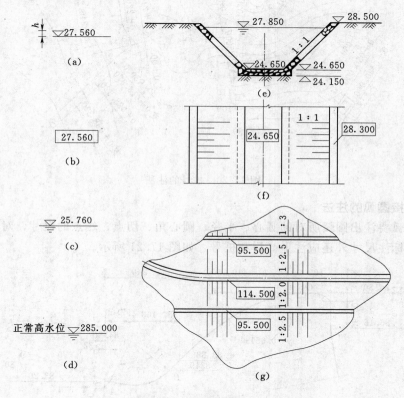

图 17.19　标高的注法

17.3.1.2　高度尺寸的注法

铅垂方向的尺寸可以只注标高，也可以既注标高又注高度，对结构本身的尺寸和定型工程设计一般采用标注高度的方法。

标注高度尺寸时，一般以建筑物的底面为基准，这是因为建筑物都是由下向上修建的，以底面为基准，便于随时进行量度检验。

17.3.2　水平尺寸的注法

水平尺寸的基准一般以建筑物对称线、轴线为基准，不对称时就以水平方向较重要的面为基准。河道、渠道、隧洞、堤坝等以建筑物的进口即轴线的始点为起点桩号。

对于长度和宽度差别不大的建筑物，选定水平方向的基准面后，可按组合体、剖视图、断面图的规定标注尺寸。

对河道、渠道、隧洞、堤坝等长形的建筑物，沿轴线的长度用"桩号"的方法标注水平尺寸，标注形式为：km±m，km 为公里数，m 为米数。起点桩号标注成 0＋000，起点桩号之前标注成 0－m，起点桩号之后标注成 0＋m。桩号数字一般垂直于轴线方向注写，且标注在轴线的同一侧，如图 17.20 所示。

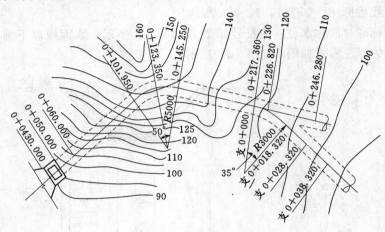

图 17.20　桩号的注法

17.3.3　连接圆弧的注法

连接圆弧要注出圆弧所对的圆心、半径、圆心角、切点、端点的尺寸，对于圆心、切点、端点除标注尺寸外还应注上高程和桩号，如图 17.21 所示。

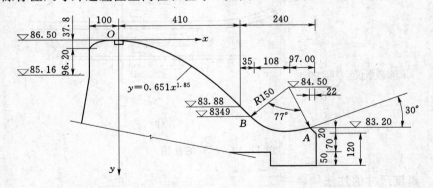

$$y = 0.651x^{1.85}$$

溢流坝面坐标值表

x	1	2	3	4	5	6	7	8	9	10	11
y	0.062	0.235	0.496	0.846	1.270	1.790	2.315	3.040	3.790	5.490	6.475

图 17.21　圆弧及非圆曲线的注法（单位：cm）

17.3.4 非圆曲线的注法

非圆曲线尺寸的注法一般是在图中给出曲线方程式，画出方程的坐标轴，并在图附近列表给出曲线上一系列点的坐标值，如图 17.21 所示。

17.3.5 多层结构的注法

多层结构的注法如图 17.22 所示，用引出线并加文字说明，引出线垂直通过被引得各层，文字说明和尺寸数字应按结构的层次注写。

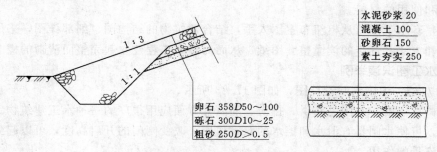

图 17.22 多层结构的标注

17.3.6 封闭尺寸和重复尺寸的注法

水工建筑物的施工是分段进行，施工精度也不像机械加工要求那么高，因此要求每段的尺寸必须全部注出，并且要标注总尺寸，这样就必然会形成封闭尺寸。

在视图中注了标高又注高度尺寸，这是常见而允许的重复尺寸，当建筑物的几个视图分别画在不同的图纸上时，为了读图和施工，也必须标注适当的重复尺寸。

所以，水工图中根据需要是允许标注封闭尺寸和重复尺寸的，但标注时要仔细校对和核实，防止尺寸之间出现矛盾和差错。

17.4 水工图的识读

17.4.1 读图的方法和步骤

识读水工图的顺序：一般是由枢纽布置图到建筑结构图，按先整体后局部，先看主要结构后看次要结构，先粗后细、逐步深入的方法进行。具体步骤如下。

（1）概括了解。了解建筑物的名称、组成及作用。识读任何工程图样都要从标题栏开始，从标题栏和图样说明中了解建筑物的名称、作用、制图比例、尺寸单位及施工要求等内容。

（2）分析视图。了解各个视图的名称、作用及其相互关系。为了表明建筑物的形状、大小、结构和使用的材料，图样中都配置一定数量的视图、剖视图和断面图。由视图的名称和比例可以知道视图的作用、视图的投影方向及实物的大小。

水工图中的视图配置是比较灵活的，所以读图时应先了解各个视图之间的相互关系，以及各个视图的作用。如找出剖视图和断面图剖切平面的位置、表达细部的详图；看清视图中采用的特殊表达方法、尺寸注法等。通过对各种视图的分析，可以了解整个视图的表达方案，从而在读图中及时找到各个视图之间的对应关系。

（3）分析形体。根据建筑物组成部分的特点和作用，将建筑物分成几个主要组成部分，可以沿水流方向将建筑物分为几段，也可沿高程方向将建筑物分为几层，还可以按地理位置或结构来划分。然后运用形体分析的方法，以特征明显的 1～2 个重要视图为主结合其他视图，采用对线条、找投影、想形体的方法，想出各组成部分的空间形状，对较难想象的局部，可运用线面分析法识读。

（4）综合想象整体。了解各组成部分的相互位置，综合整理整个建筑物的形状、大小、结构和使用的材料。

识读整套水工图可从枢纽布置图入手，结合建筑物的结构图、细部详图，采用上述的读图步骤和方法，逐步的读懂整套图纸，从而对整个工程建立起完整而清晰的概念。

17.4.2 水工图识读举例

【例 17.1】 识读水闸设计图，如图 17.23 所示。

（1）概括了解。水闸是防洪、排涝、灌溉等方面应用很广的一种水工建筑物。通过闸门的启闭，可使水闸具有泄水和挡水的双重作用。改变闸门的开启高度，可以起到控制水位和调节流量的作用。

水闸由三部分组成，如图 17.24 所示，上游段的作用是引导水流平顺地进入闸室，并保护上游河岸及河床不受冲刷，一般包括上游铺盖、上游翼墙及两岸护坡等。闸室段起控制水流的作用，包括闸门、闸墩、闸底板，以及在闸墩上设置的交通桥、工作桥和闸门启闭设备等。下游段的作用是均匀地扩散水流，消除水流能量，防止冲刷河岸及河床，包括消力池、海漫、下游防冲槽、下游翼墙及两岸护坡等。

（2）分析视图。本图采用了平面图、A－A 纵剖视图、上下游立面图及五个断面图表达建筑物的形状。

其中平面图表达水闸各组成部分的平面布置、形状和大小。水闸左右对称，采用省略画法，只画出以河流中心线为界的左岸，闸室段工作桥、交通桥和闸门采用了拆卸画法。冒水孔的分布情况采用了简化画法，并标注出 B－B、C－C、D－D、E－E、F－F 剖切位置线。

A－A 剖视图的剖切平面沿长度方向经过闸孔剖开，表达了铺盖、闸室底板、消力池、海漫等部分的断面形状和各段的长度及连接形状，图中可以看到门槽位置、排架形状以及上、下游设计水位和各部分的高程。

上、下游立面图主要表示梯形河道断面及水闸上游面和下游面的结构布置。这是两个视向相反的视图，因为它们形状对称，所以采用各画一半的合成视图。

断面图 B－B 表达闸室为钢筋混凝土整体结构，同时还可以看出岸墙处回填黏土断面形状和尺寸。C－C、E－E、F－F 断面分别表达上、下游翼墙的断面形状、尺寸、材料、回填黏土和排水孔处垫粗砂的情况。D－D 断面表达了路沿挡土墙的断面形状和上游面护坡的砌筑材料等。

图中闸门启闭设备采用了拆卸画法，底板排水孔采用了简化画法，消力池反滤层为多层结构，标注方法见剖视图。

（3）分析形体。沿水闸的纵向轴线可分为上游段、闸室段、下游段三部分，分别找出各部分的相关视图，对照起来阅读，着重了解建筑物各部分大小、材料、细部构造、位置

230

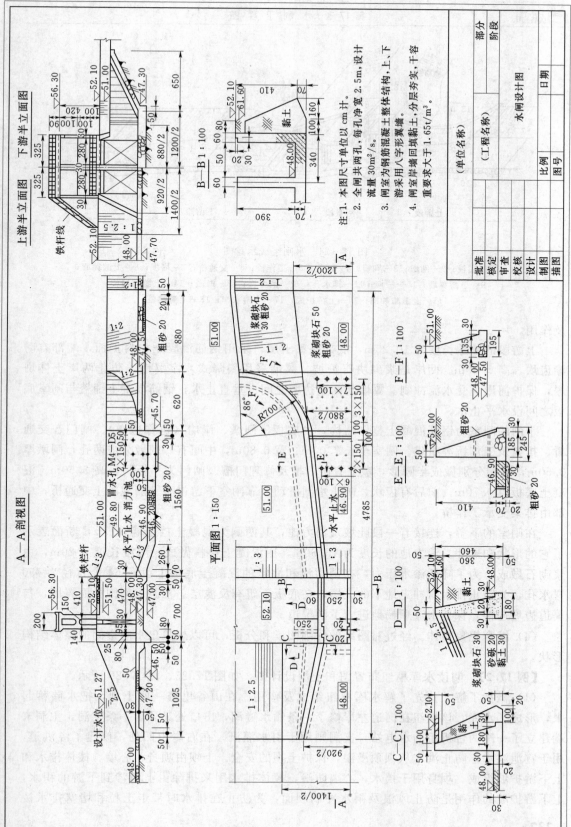

图 17.23　水闸设计图

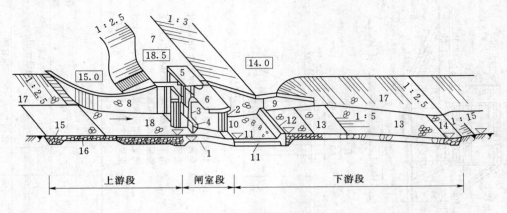

图 17-24 水闸组成示意图

1—闸室底板；2—闸墩；3—胸墙；4—闸门；5—工作桥；6—交通桥；7—堤坝；8—上游翼墙；
9—下游翼墙；10—护坦；11—排水孔；12—消力坎；13—海漫；14—上游防冲槽；
15—上游防冲槽；16—上游护底；17—下游护岸；18—上游铺盖

及作用。

上游段的铺盖长度为 10.25m，底部是黏土层，采用钢筋混凝土材料护面，端部有防渗齿坎，高 0.80m。两岸是浆砌块石护坡。翼墙采用斜降式八字翼墙，防止两岸土体坍塌，保护河岸免受水流冲刷。翼墙与闸室边墩之间设垂直止水，钢筋混凝土铺盖与闸室底板之间设水平止水。

水闸的闸室为钢筋混凝土整体结构，由底板、闸墩、岸墙（也称边墩）、闸门、交通桥、排架及工作桥等组成。闸室全长 7.00m、宽 6.80m，中间有一闸墩分成两孔，闸墩厚 0.60m，两端分别做成半圆形，墩上有闸门槽及修理门槽。闸门为平板门，高 3.50m。混凝土底板厚 0.70m，前后有齿坎，防止水闸滑动。靠闸室下游设有钢筋混凝土交通桥，中部由排架支承工作桥。

在闸室的下游，连接着一段陡坡及消力池，其两侧为混凝土挡土墙，E—E 断面表示了它的形状和尺寸。消力池的长度为 15.60m，用混凝土材料做成，海漫长度 6.20m，由浆砌石做成，为了降低渗水压力，在消力池和海漫的混凝土底板上设有 64 个直径为 φ50 冒水孔，为防止排水时冲走地下的土壤，在底板下筑有反滤层。下游采用圆柱面翼墙，与渠道边坡连接，保证水流顺畅地进入下游渠道。

（4）综合想象整体。经过对图纸的仔细阅读和分析，可以想象出水闸空间的整体结构形状。

【例 17.2】 阅读水库枢纽布置图和土坝设计图，如图 17.25、图 17.26 所示。

（1）概括了解。首先了解水库枢纽组成及作用。在山谷里修一座土坝，把水储蓄起来，形成了水库。该枢纽在河道左岸修了一条输水隧洞，出口处又分出一条支洞，主洞末端建立了一座两台机组的水电站，支洞则用于引水灌溉。在右岸山凹处，修建了溢洪道，用于宣泄洪水，防止洪水从坝顶漫溢，保护土坝的安全。土坝由坝身、心墙、棱体排水和上下游护坡组成。坝身用于挡水，心墙防渗，棱体排水用来排除由上游渗到下游的积水，上下游护坡的作用是防止风浪及雨水冲刷坝面，为防止在排水时带走土粒和堵塞排水棱

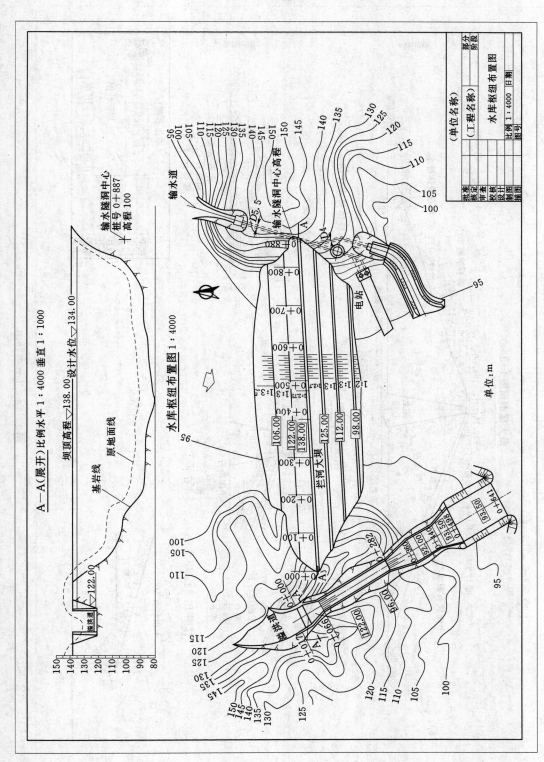

图 17.25 水库枢纽布置图

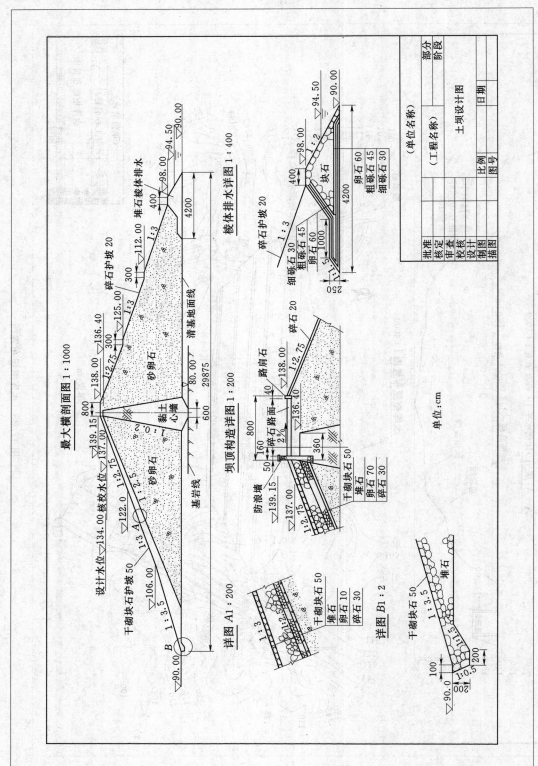

图 17.26 土坝设计图

体，沿坝体与堆石棱体的接触面都设有反滤层。

（2）分析视图。进一步要分析视图的表达方法。该图为整个枢纽工程图纸的一部分。其中包括枢纽平面布置图、A－A纵剖展开图、土坝最大横断面及三个详图。枢纽布置图中的输水隧洞采用了示意画法，对电站和调压井采用了平面图图例。A－A展开图，是沿坝轴线和垂直溢洪道中心线经两次转弯复合剖切的展开图，为了使图形表达更清楚，该图纵横方向采用不同的比例尺：垂直方向1：1000；水平方向1：4000，反映了坝轴线处的基岩线及原地面线的相互位置，也反映了输水隧洞中心、溢洪道断面和土坝在高度方向上的关系。最大横断面图表达从河槽的最低位置剖切的土坝所示的断面图。详图A、B、坝顶构造详图和棱体排水详图的对应位置均在最大横断面上，其详细地描述土坝部分结构和构造情况。

（3）分析形体。在枢纽中水流自北向南、坝轴线东西走向，溢洪道自西北向东南泄流，布置在坝的右岸，隧洞自东北向西南方向在山下贯通，在坝的左岸布置，枢纽布置图反映溢洪道与地面的连接和隧洞进出口的开挖情况，其详细结构可查阅有关的结构图。土坝的最大横断面充分表示出土坝形状成梯形断面，用砂卵石堆筑，坝顶宽8.00m，高程138.00m，上游坡度为1：2.75、1：3和1：3.5。下游坡为1：2.75和1：3，并在125.00m和112.00m高程处设有3.00m的马道。堆石棱体排水位于坝的下游坡脚。坝体基本上是一个梯形四棱柱体，但高度适应河谷地形变化，在河槽最凹处最大，在两侧岸坡处较矮，纵断面A－A把这一概念表示的很清楚。中间黏土心墙为直棱柱体，沿坝轴线方向形成一道墙，且上接坝顶防浪墙，下与基岩连接，位于坝体断面的中部。坝壳为砂石料，上下游采用了砌石护坡。详图A显示了土坝上游坝坡的结构和尺寸，由块石、粗砾石、细砾石等三层组成，下面连接砂卵石坝壳。详图B表达了土坝上游护坡与坝基连接的详细情况以及尺寸。坝顶构造详图反映了坝顶细部构造，包括坝顶路面、防浪墙、路肩石及上下游护坡的情况。棱体排水详图则表达了土坝下游堆石棱柱体和反滤层的结构和尺寸。

（4）综合想象整体。根据A－A纵剖展开图、土坝最大横断面及四个详图弄清土坝的结构形状和相互关系，根据枢纽平面图所表达的建筑物的相互关系可构想出整个枢纽的空间形状。

17.5　水工图的绘图步骤

水工图样虽然种类很多，但绘制图样的步骤基本相同。绘图的一般步骤建议如下。

（1）熟悉资料，分析确定表达方案。

（2）选择适当的比例和图幅。应力求在表达清楚的前提下选用较小的比例，枢纽平面布置图的比例一般取决于地形图的比例，按比例选定适当的图幅。

（3）合理地布置视图。按所选取的比例估计各视图所占范围，进行合理布置，画出各视图的作图基准线。视图应尽量按投影关系配置，有联系的视图应尽量布置在同一张图纸内。

（4）画各视图底稿。画图时，应先画大的轮廓，后画细部；先画主要部分，后画次要部分。

（5）画断面材料符号。

（6）标注尺寸和注写文字说明。

（7）检查、校对、加深。

17.6 用 AutoCAD 绘制水工图

17.6.1 溢流坝的绘制

绘制如图 17.27 所示的溢流坝横断面图。绘图前应先读懂本图，绘制内容包括坝体表面线、填充材料、标注文字和尺寸。坝体表面包括曲线 *OA*，直线段 *AB*、*DE*、*OF*、*FG*、圆弧 *BC*，填充材料有表面混凝土、内部浆砌石。图中的标注尺寸单位为 cm，高程如 ▽ 84.50 的单位为 m。由于坐标点单位为 cm，图中尺寸单位也是 cm，为了输入方便，选择绘图比例为 1:1。即绘图时，输入的所有图形尺寸都应按所标注的尺寸绘制，在最后的尺寸标注时，尺寸标注的"线性比例"设为 1。绘图步骤如下。

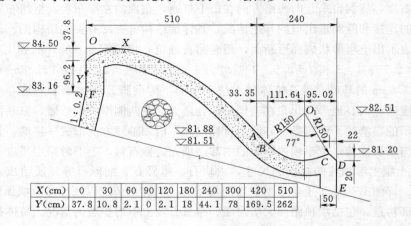

X(cm)	0	30	60	90	120	180	240	300	420	510
Y(cm)	37.8	10.8	2.1	0	2.1	18	44.1	78	169.5	262

图 17.27 溢流坝设计图

（1）新建图层。单击【图层特性管理器】图标 或在命令行输入【图层特性管理器】命令（LA），建立粗实线、细实线、中心线、文字、标注、虚线等新图层，如图 17.28 所示，并把粗实线置为当前图层。

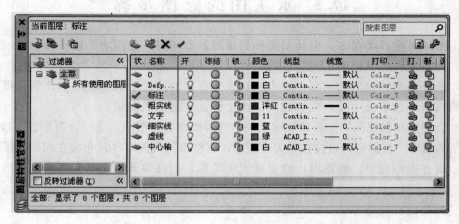

图 17.28 新建图层

（2）建立用户坐标系。命令行输入"UCS"，在绘图区任意点指定原点、然后指定 X 轴正方向和 Y 轴正方向，建立用户坐标系。

（3）绘制溢流坝面曲线 OA。先画曲线上的点，后用样条曲线连接。

1）画点前应设置好点样式。单击【菜单浏览器】/【格式】/【点样式】，设置点的样式和大小，如图 17.29 所示，否则点看不清楚。

2）画点。单击绘图工具栏【多点】的图标" ▪ "，在命令行输入点的坐标后回车，重复操作直到点输完，如"0，37.8 ↙，30，10.8 ↙ 60，2.1 ↙…"如图 17.30 所示。

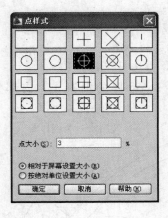

图 17.29 设置点样式

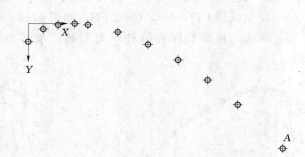

图 17.30 画点

3）设置对象捕捉。单击状态栏【对象捕捉】图标▭，使之变成蓝色，右击【对象捕捉】图标" ▭/设置"，选中" ⊠ ☑节点(N)"，如图 17.31 所示。

4）用【样条曲线】连线。单击绘图工具栏【样条曲线】的图标" ∿ "，连接各点，如图 17.32 所示。

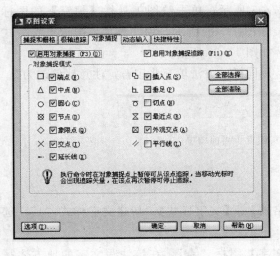

图 17.31 对象捕捉"节点"

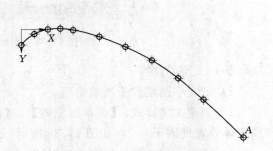

图 17.32 样条曲线连接各点

（4）绘制线段 AB。

1）输入【直线】命令"L"，点 A 点，输入相对坐标"@33.35，37"（由标注得横坐标 33.35，由 A、B 两点的高程差 0.37m 得纵坐标 37），得到 B 点。

2）从 A 画向右水平线长 33.35，再向上画竖直线长 37，即可找到 B 点，如图 17.33 所示。

（5）绘制圆弧。找到圆心 O_1，和圆弧终点 C，画圆弧。

1）利用相对坐标找 O_1：输入【直线】命令"L"，点 B 点，输入相对坐标"@111.64，−100"找到 O_1。

2）以 O_1 为基准【旋转】77°并复制 BO_1，得到 C。

3）以"起点、圆心、终点"画【圆弧】即可，如图 17.33 所示。

（6）绘制线段 CD、DE、OF、FG，如图 17.33 所示，方法见（4）。

（7）填充。该横断面有两种填充材料，坝体表面为 0.5m 厚的混凝土，内部为浆砌石。

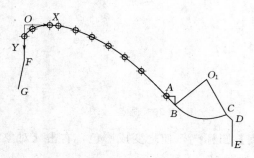

| 图 17.33　绘制圆弧及各线段 | 图 17.34　偏移表面线 |

1）混凝土填充。【偏移】坝体表面线 50cm，如图 17.34 所示，把多余的线【修剪】掉，把没交到的线【延伸】交到一起，并保证要填充部分图形封闭；通过工具栏上的图层控制，把细实线图层置于当前图层，如图 17.35 所示；单击绘图工具栏【填充】的图标，图案选中"混凝土"，比例设为"0.3"，如图 17.36 所示，用"添加：拾取点"方式选择填充区域（在区域内单击），确定即可，如图 17.37 所示。

2）浆砌石填充。画一个大小合适的圆，用同样的方法填充浆砌石，注意比例改为 3。

图 17.35　把细实线置于当前图层

（8）文字的注写。

1）把文字图层置于当前图层。

2）创建文字样式。【菜单浏览器】/【格式】/【文字样式】，新建文字样式"1"，选仿宋体，宽度因子 0.7，如图 17.38 所示。

3）注写文字。单击绘图工具栏【多行文字】图标"**A**"，在该注写文字的地方注写文字（标注高程前，应先画线，然后在线上写文字）。

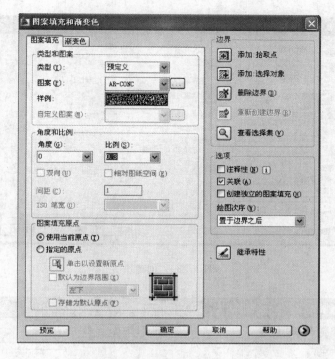

图 17.36 混凝土填充

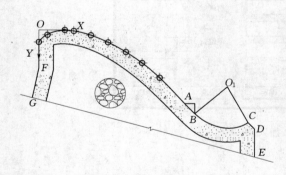

图 17.37 图案填充

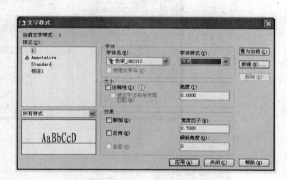

图 17.38 文字样式的设置

(9) 创建并插入块。

1) 创建块"高程符号"。先在空白处绘制 90°的等腰直角三角形▽，然后在绘图工具栏上单击【创建块】图标"🔲"，名称定义为"高程符号"，用"拾取点"的方式拾取三角形的最低点，用"选择对象"的方式选择▽，如图 17.39 所示，单击确定即创建成功。

2) 插入块"高程符号"。在绘图工具栏上单击【插入块】图标"🔲"，名称选择为"高程符号"，用"在屏幕上指定"的方式插入块，如图 17.40 所示，单击确定，然后在要插入块的地方插入，结果如图 17.41 所示。

(10) 尺寸的标注。

1) 把标注图层置于当前图层。

239

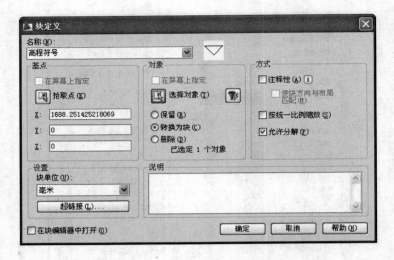

图 17.39　创建块

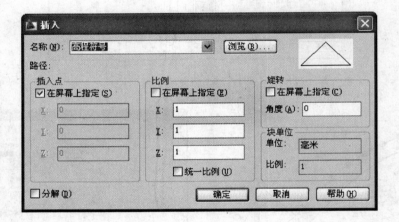

图 17.40　插入块

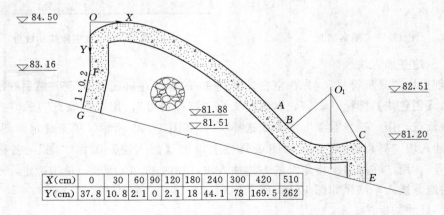

X(cm)	0	30	60	90	120	180	240	300	420	510
Y(cm)	37.8	10.8	2.1	0	2.1	18	44.1	78	169.5	262

图 17.41　插入块及注写文字

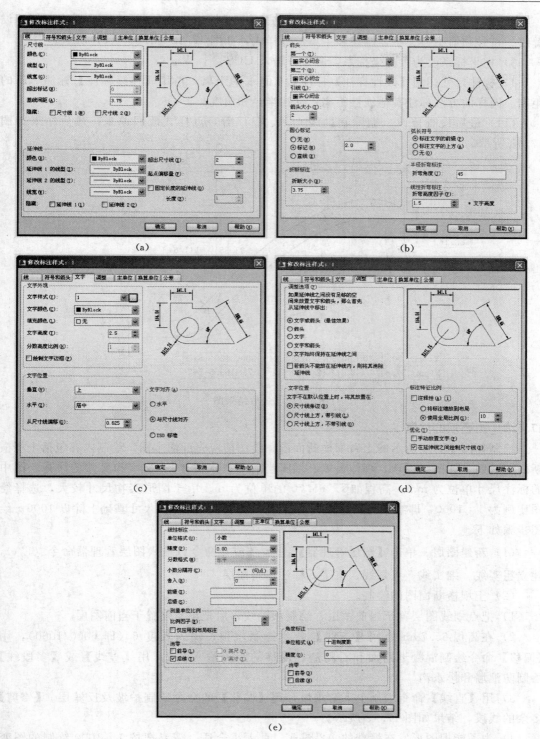

图 17.42 标注样式的设置

(a)"线"的设置；(b)"符号和箭头"的设置；(c)"文字"的设置；(d)"调整"的设置；(e)"主单位"的设置

241

2）创建标注样式。【菜单浏览器】/【格式】/【标注样式】，新建标注样式"1"，设置线、符号和箭头、文字、调整和主单位等样式，如图 17.42（a）～（e）所示。

3）把坐标系改为世界坐标系，命令行输入 UCS↙，W↙。

4）标注尺寸。用【线性标注】标注 OA 的水平距离，再用【连续标注】标注 AD 的距离。同样的方法标注其他线性距离；标注半径和角度。

（11）最后检查修改。删除辅助线 O_1A、O_1C 等，点样式改回原来，最后结果如图 17.43 所示。

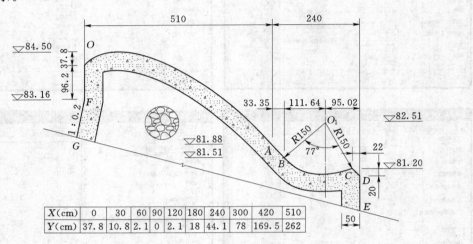

X(cm)	0	30	60	90	120	180	240	300	420	510
Y(cm)	37.8	10.8	2.1	0	2.1	18	44.1	78	169.5	262

图 17.43　最后结果图

17.6.2　土石坝的绘制

绘制如图 17.44 所示的土石坝横断面图。绘图前应先读懂本图，绘制内容包括土坝横断面图、四个详图（坝顶、坝体齿墙、坝脚齿墙和排水棱体）、文字和尺寸的注写。图中的标注尺寸单位为 mm，高程如▽ 65.70 的单位为 m。由于图形实物尺寸较大，选择绘图比例为 1∶1000，即绘图时，输入的所有图形尺寸都应在标注尺寸基础上除以 1000。绘图步骤如下。

（1）新建图层。单击【图层管理器】图标 [图标] 或在命令行输入图层管理器命令（LA），建立粗实线、细实线、点划线、文字、标注等新图层。

（2）土坝横断面图的绘制。

1）把点划线图层置于当前图层，绘制坝轴线，后把粗实线置于当前图层。

2）在高程 65.70m 处用【直线】命令绘制坝顶，输入长度 6（即 6000/1000），用【偏移】命令绘制混凝土路面和石粉渣，偏移的距离输入 0.2。用【直线】或【多段线】绘制防浪墙和排水沟。

3）用【直线】命令绘制上下游坝坡，用【偏移】的命令绘制护坡及反滤层。【修剪】多余的线段，结果如图 17.45 所示。

4）为了能把图形发在标准的 A2 图框，且大小合适，需要把按 1∶1000 绘制的图变成 1∶250 的图形，在最后的尺寸标注时，应将尺寸标注的"线性比例"设为 250。

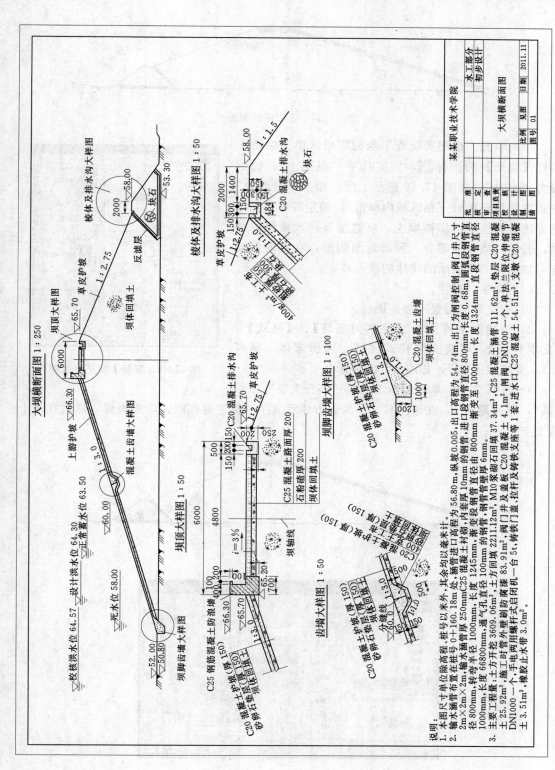

图 17.44 土石坝断面图

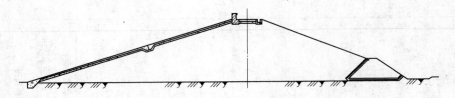

图 17.45 土坝横断面图

（3）填充。把细实线置于当前图层。单击绘图工
具栏【填充】的图标，图案选中"混凝土"，比例
设为"0.01"，如图 17.46 所示。用"添加：拾取点"
方式选择填充区域（在区域内单击），确定即可。同样
的方法填充垫层、坝体填土、反滤层及排水棱体的材
料，若想只填充一部分，可画封闭图形，在其内部填
充，如图 17.47 所示的棱体的块石填充。

（4）文字的标注。

1）把文字图层置于当前图层。

2）创建文字样式。【菜单浏览器】/【格式】/
【文字样式】，新建文字样式"2"，选仿宋体，字高
3.5，宽度因子 0.7，如图 17.48 所示。

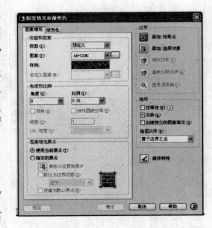

图 17.46 混凝土填充对话框

3）注写文字。单击绘图工具栏"多行文字"图标
"**A**"，字高用 3.5，在该注写文字的地方注写文字（标注高程前，应先画线，然后在线上
写文字）。

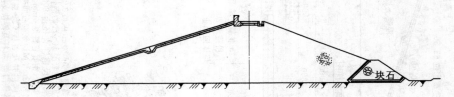

图 17.47 材料填充

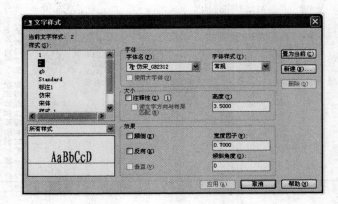

图 17.48 "文字样式"的设置

（5）创建并插入块。

1）创建块"高程符号"。先在空白处绘制 90°的等腰直角三角形▽，然后在绘图工具栏上单击【创建块】图标"🚚"，名称定义为"高程符号"，用"拾取点"的方式拾取三角形的最低点，用"选择对象"的方式选择▽，如图 17.49 所示，单击确定即创建成功。

2）插入块"高程符号"。在绘图工具栏上单击【插入块】图标"🖥"，名称选择为"高程符号"，用"在屏幕上指定"的方式插入块，如图 17.50 所示，单击确定，然后在要插入块的地方插入，结果如图 17.51 所示。

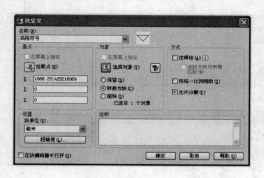

图 17.49　创建块

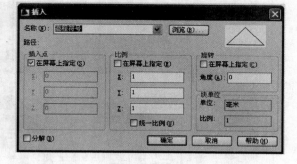

图 17.50　插入块

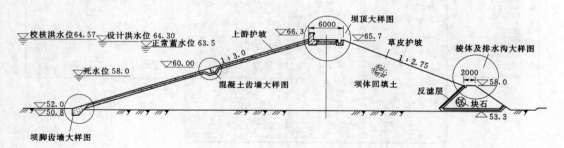

图 17.51　插入块及注写文字

（6）尺寸的标注。

1）把标注图层置于当前图层。

2）创建标注样式。【菜单浏览器】/【格式】/【标注样式】，新建标注样式"2"，设置"线"、"符号和箭头"、"文字"、"调整"和"主单位"等样式，如图 17.52（a）～（e）所示。同样的方法新建标注样式"3"，只是在"主单位"的设置里，把比例因子改成 50。

3）标注尺寸。用样式"2"标注土坝横断面图。

（7）四个详图的绘制。

1）坝顶详图的绘制。【复制】最大横断面的坝顶部分放在空白处，用【缩放】命令放大 5 倍，上下游坝坡留适当长度，【修剪】多余部分。用文字样式"2"注写文字，用标注样式"3"标注尺寸。

245

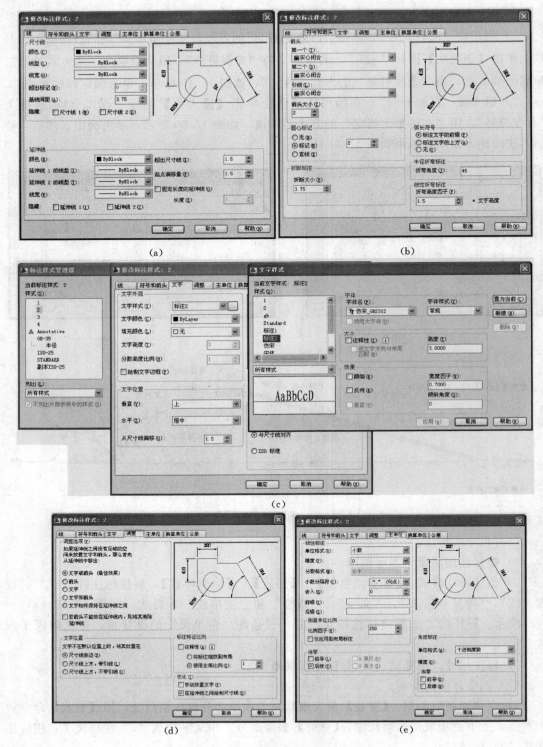

图 17.52　"标注样式"的设置

(a)"线"的设置；(b)"符号和箭头"的设置；(c)"文字"的设置；(d)"调整"的设置；(e)"主单位"的设置

2）同样的方法绘制其他三个详图。

（8）标题及比例的注写。用文字样式"2"，把字高改成 5 号，注写标题，在旁边用 4 号字注写标注。

（9）图形放入标准 A2 图框，结果如图 17.44 所示。

17.6.3 水闸的绘制

绘制如图 17.53 所示的水闸设计图。绘图前应先读懂本图，绘制内容包括水闸平面图、剖视图、断面图、文字和尺寸的注写。图中的标注尺寸单位为 mm，高程如 ▽ 14.20 的单位为 m。由于图形实物尺寸较大，选择绘图比例为 1∶1000，即绘图时，输入的所有图形尺寸都应在标尺寸基础上除以 1000。绘图步骤如下。

（1）新建图层。单击【图层管理器】图标 绘 或在命令行输入【图层管理器】命令（LA），建立粗实线、细实线、虚线、点划线、文字、标注等新图层。

（2）平面图的绘制。

1）轴线的绘制。把点划线图层置于当前图层，用【直线】命令绘制轴线。

2）半平面图的绘制。用【直线】和【偏移】的命令绘制半个平面图，把各线的图层换成相关图层，【修剪】多余线段如图 17.54 所示。用【圆角】、【偏移】、【修剪】的命令绘制上游翼墙的圆弧，如图 17.55 所示。

3）水闸整体轮廓的绘制。输入【镜像】命令（MI），选择对象为所绘制的半平面，以轴线为镜像线镜像就得到如图 17.56 所示的图形。

4）示坡线的绘制。细实线层置于当前，用【直线】命令（L）绘制半平面的示坡线，以轴线为镜像线【镜像】就得到如图 17.57 所示的示坡线。

（3）A—A 纵剖视图的绘制。用【直线】和【偏移】的命令绘制 A—A 纵剖视图，注意示坡线、素线和折断线为细实线，用【样条曲线】绘制上游翼墙和护坡的交线，【修剪】多余线段如图 17.58 所示。

（4）B—B 剖视图及 C—C 断面图的绘制。用【直线】、【偏移】和【修剪】的命令绘制 B—B 剖视图的左半部分，以轴线为镜像线【镜像】就得到 B—B 剖视图，同理可绘制 C—C 断面图，如图 17.59 所示。

（5）D—D、E—E、F—F 断面图的绘制。用【直线】绘制 D—D、E—E、F—F 断面图，如图 17.60 所示。

（6）材料填充。

1）自然土壤和浆砌块石。浆砌块石的材料的绘制需要用【样条曲线】（SPl）或【椭圆】自行绘制后在周围建封闭图形【填充】SOLID，自然土壤的材料绘制也是输入【样条曲线】命令自行绘制，结果如图 17.61 所示。

2）钢筋混凝土。输入【填充】命令（H），选择需要填充的范围，设置填充图形为混凝土和 45°斜线分两次填充，结果如图 17.61 所示。

（7）文字的标注。

1）把文字图层置于当前图层。

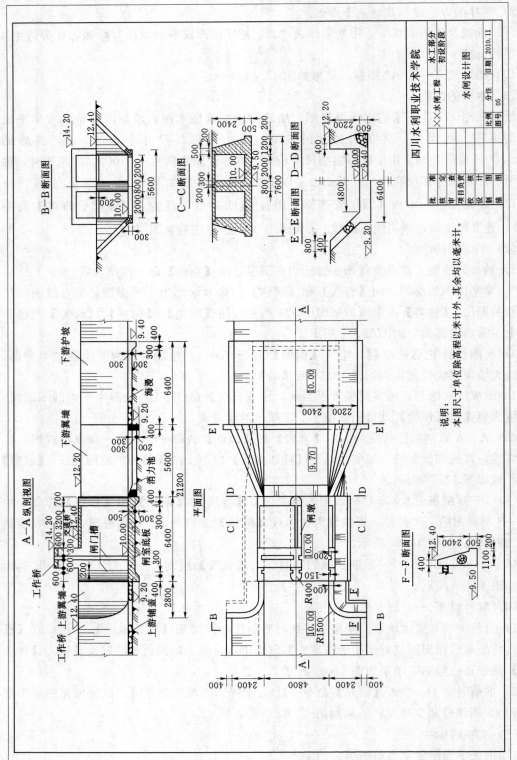

图 17.53 水闸设计图

说明：
本图尺寸单位除高程以米计外，其余均以毫米计。

四川水利职业技术学院

水工部分	××水闸工程	初设阶段

水闸设计图

| 批核审项校绘描准定查目设图图 | | | | | | | 比例 | 分注 | | 05 |
| 负责 | | | | 日期 | 2010.11 | | 图号 | | | |

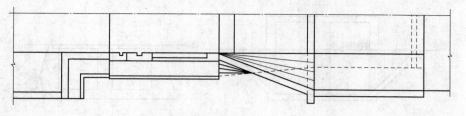

图 17.54 半平面图一

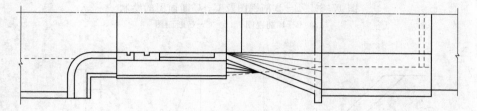

图 17.55 半平面图二

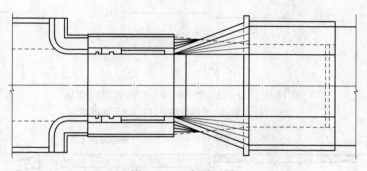

图 17.56 全平面图

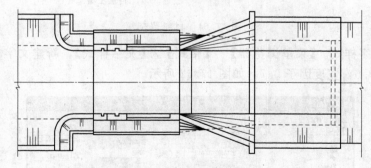

图 17.57 示坡线的绘制

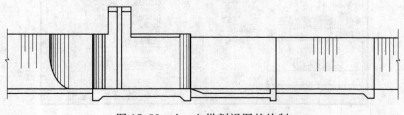

图 17.58 A—A 纵剖视图的绘制

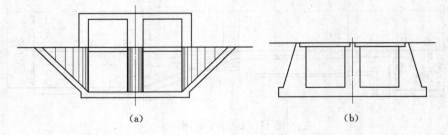

(a)　　　　　　　　　　　　　　(b)

图 17.59　B－B 剖视图及 C－C 断面图的绘制

(a) B－B 剖视图；(b) C－C 断面图

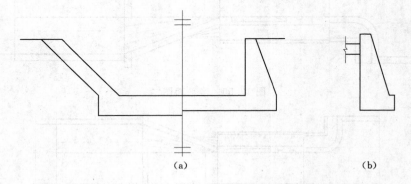

(a)　　　　　　　　　　　　　　(b)

图 17.60　D－D、E－E、F－F 断面图的绘制

(a) D－D 和 E－E 断面图；(b) F－F 断面图

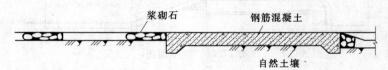

图 17.61　材料填充

2）创建文字样式。【菜单浏览器】/【格式】/【文字样式】，新建文字样式"2"，选仿宋体，字高 3.5，宽度因子 0.7，如图 17.62 所示。

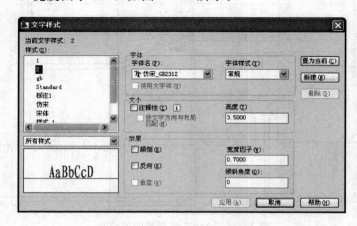

图 17.62　"文字样式"的设置

3）注写文字。单击绘图工具栏【多行文字】图标"**A**"，字高用 3.5，在该注写文字的地方注写文字（标注高程前，应先画线，然后在线上写文字）。

（8）创建并插入块。

1）创建块"高程符号"。先在空白处绘制 90°的等腰直角三角形▽，然后在绘图工具栏上单击【创建块】图标"🖳"，名称定义为"高程符号"，用"拾取点"的方式拾取三角形的最低点，用"选择对象"的方式选择▽，如图 17.63 所示，单击确定即创建成功。

2）插入块"高程符号"。在绘图工具栏上单击【插入块】图标"🖳"，名称选择为"高程符号"，用"在屏幕上指定"的方式插入块，如图 17.64 所示，单击确定，然后在要插入块的地方插入，结果如图 17.65 所示。

图 17.63　创建块

图 17.64　插入块

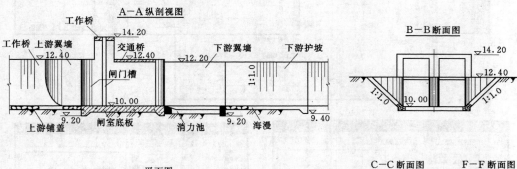

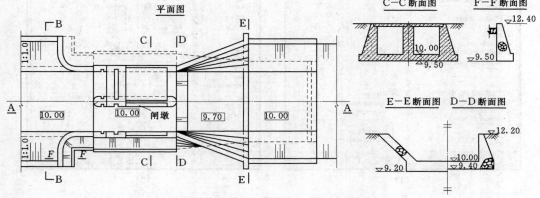

图 17.65　插入块及注写文字

251

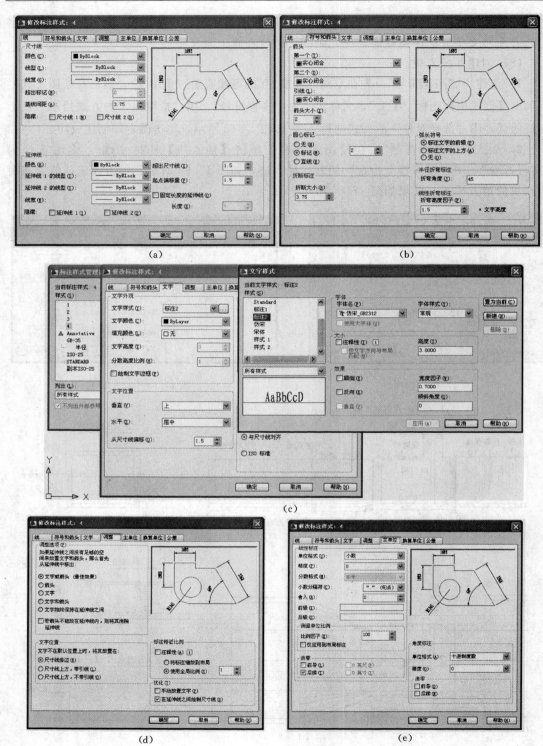

图 17.66 "标注样式"的设置

(a)"线"的设置；(b)"符号和箭头"的设置；(c)"文字"的设置；(d)"调整"的设置；(e)"主单位"的设置

（9）尺寸的标注。

1）把标注图层置于当前图层。

2）创建标注样式。【菜单浏览器】/【格式】/【标注样式】，新建标注样式"4"，设置"线"、"符号"和"箭头"、"文字"、"调整"和"主单位"等样式，如图 17.66（a）～（e）所示。

3）分别用【线性标注】、【连续标注】、【半径标注】进行标注。

4）在标注 E－E 断面的 6400 的尺寸时，以样式"4"为基础样式，新建标注样式"5"，设置"线"的样式，隐藏尺寸线 2 和延伸线 2，如图 17.67 所示。

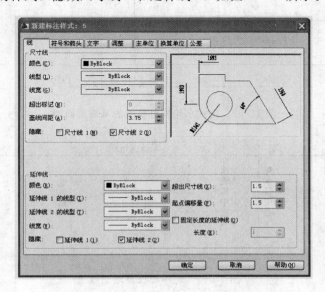

图 17.67　标注样式"5"中"线"的设置

（10）标注后的图形放入标准 A2 图框，结果如图 17.53 所示。

17.6.4　卧式水轮发电机组的基础剖面图的绘制

如图 17.68 所示为一台卧式水轮发电机组的基础剖面图，应先读懂本图，图中的标注尺寸单位为 mm，高程如 ▽3043.37 的单位为 m。由于图形实物尺寸较大，选择绘图比例为 1：100，即绘图时，输入的所有图形尺寸都应在标尺寸基础上除以 100，在最后的尺寸标注时，应将尺寸标注的"线性比例"设为 100。绘图步骤如下：

（1）设置图层。单击【图层管理器】图标 编 或在命令行输入【图层管理器】命令（LA），建立粗实线、细实线、点划线、文字、标注等新图层。

（2）绘出三条垂直的轴心线。经比例计算"尾水管中心"与"水轮机中心"相距 11，"水轮机中心"与"电机轴"相距 36.02，绘制应选择"中心线"图层；再绘出水平地面线，选择"主轮廓线图层"。绘制结果如图 17.69 所示。

（3）绘出低于地面 320mm 的机座坑。经比例计算机座坑低于地面线的图形距离为 3.2，左边距"尾水管中心"5，右边距"电机轴"17.92。使用【偏移】命令，将"地面线"、"尾水管中心"及"电机轴"分别偏移 3.2、5、17.92，【修剪】多余线，并将各线

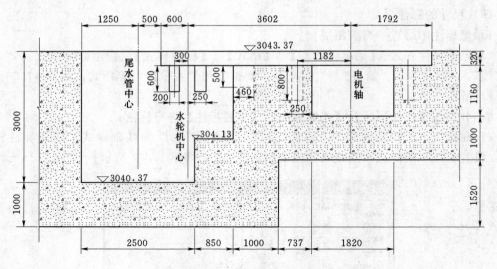

图 17.68 卧式水轮发电机组的基础剖面图

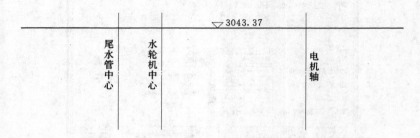

图 17.69 绘中心线及地面线

转换到各自的图层，结果如图 17.70 所示。

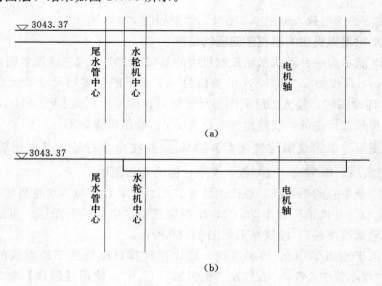

图 17.70 绘制机座坑

（4）根据图中给出的尺寸，继续使用【偏移】命令，绘出其他基础线。以偏移基线为准的偏移距离及偏移结果如图 17.71 所示。

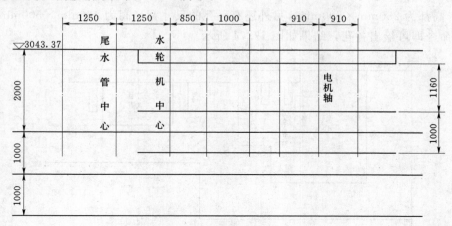

图 17.71　偏移

（5）【修剪】多余的线，并将各线转换到各自的图层，结果如图 17.72 所示。

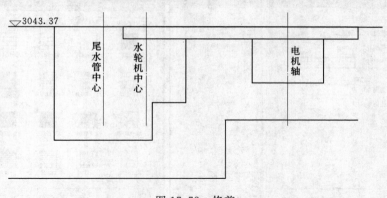

图 17.72　修剪

（6）绘制断面线，结果如图 17.73 所示。

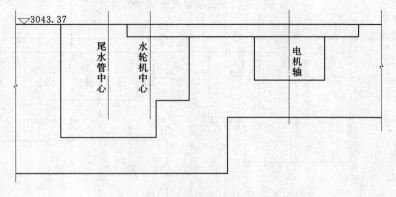

图 17.73　绘制断面线

255

（7）绘制地脚螺栓孔。图中共有五个地脚螺栓孔，其中以"水轮机中心"对称的孔有两个，宽×高分别为 200mm×600mm、250mm×600mm；以"电机轴"为对称的孔两个，宽×高都为 250mm×800mm；另外还有一孔的尺寸宽×高为 460mm×500mm。用绘【直线】命令即可绘出各孔，结果如图 17.74 所示。

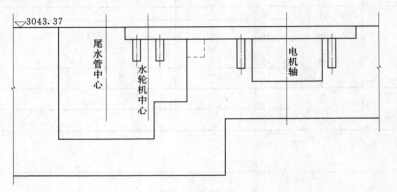

图 17.74　绘制地脚螺栓孔

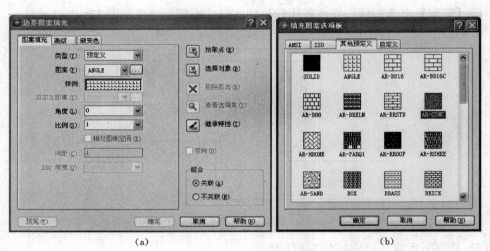

（a）　　　　　　　　　　　　　　　　　（b）

图 17.75　图案填充对话框图

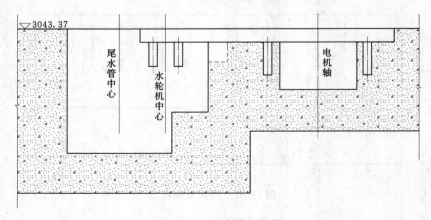

图 17.76　图案填充结果

（8）图案填充。图中填充的图案是混凝土，使用【图案填充】命令，出现如图 17.75（a）所示的"边界图案填充"对话框；单击"图案"列表中的████按钮，出现如图 17.75（b）所示的"填充图案选项板"对话框，选择其中的混凝土图案"AR－CONC"，单击"确定"；在"边界图案填充"对话框中的"比例"列表中输入 0.05，并单击"边界图案填充"对话框中的██拾取点按钮，选中需要填充的封闭区域。填充结果如图 17.76 所示。

（9）标注。按图中要求标注的尺寸，标注出所有尺寸，标注比例应在"标注样式"设为 100，最后填上各高程，结果如图 17.68 所示。

思 考 题

（1）什么是枢纽布置图，有什么作用？

（2）在水工图中，什么是上下游立面图？什么是纵横断面图？

（3）在水工图中，如何判断河流的左右岸？

（4）立面图和平面图中的标高应如何标注？

（5）对河道、渠道、隧洞、堤坝等长形的建筑物的长度一般如何标注？

（6）识读水工图的顺序是什么？

参 考 文 献

［ 1 ］ SL 73—95 水利水电制图标准. 北京：中国水利水电出版社，1995.

［ 2 ］ GB/T 14690—93 技术制图比例. 北京：中国标准出版社，1993.

［ 3 ］ 18229—2000 CAD 工程制图规则. 北京：中国标准出版社，2000.

［ 4 ］ 柯昌盛. 水利工程制图. 北京：中国水利水电出版社，2005.

［ 5 ］ 曾令宜. 水利工程制图. 北京：高等教育出版社，2011.

［ 6 ］ 刘娟. 水利工程制图. 郑州：黄河水利出版社，2009.

［ 7 ］ 尹亚坤. 水利工程制图. 兰州：兰州大学出版社，2007.

［ 8 ］ 胡建平. 水利工程制图. 北京：中国水利水电出版社，2007.

［ 9 ］ 王美生，刘娟，杨瑶，等. 工程制图. 北京：中国水利水电出版社，2007.

［10］ 吴俭. AutoCAD2009 工程绘图项目化教程. 北京：冶金工业出版社，2011.

［11］ 吴俭. AutoCAD2009 辅助设计案例教程. 北京：中国水利水电出版社，2009.

［12］ 龚景毅，汪文萍. 工程 CAD. 北京：中国水利水电出版社，2007.

［13］ 陈敏林. 水利水电工程 CAD 技术. 北京：中国水利水电出版社，2009.

［14］ 尹亚坤. 水利工程 CAD. 北京：中国水利水电出版社，2010.

［15］ 胡胜利. 水利水电工程 CAD. 北京：中国水利水电出版社，2004.